ZEITSCHRIFT FÜR ANGEWANDTE GEOLOGIE

HERAUSGEGEBEN VON

DER STAATLICHEN GEOLOGISCHEN KOMMISSION

UND DER ZENTRALEN VORRATSKOMMISSION

DER DEUTSCHEN DEMOKRATISCHEN REPUBLIK

AUS DEM INHALT

AKADEMIE-VERLAG · BERLIN

BAND 9 / HEFT 7
JULI 1963
SEITE 337—392

Die ZEITSCHRIFT FÜR ANGEWANDTE GEOLOGIE berichtet ständig über folgende Arbeitsgebiete: Geologische Grundlagenforschung und Lagerstättenforschung / Methodik der geologischen Erkundung / Ökonomie und Planung der geologischen Erkundung / Technik der geologischen Erkundung / Geologie und Lagerstättenkunde im Ausland. In der Zeitschrift können alle strittigen Fragen der praktischen Geologie behandelt werden. Die Autoren übernehmen für ihre Aufsätze die übliche Verantwortung.

ZEITSCHRIFT FÜR ANGEWANDTE GEOLOGIE

KOLLEKTIVE CHEFREDAKTION

Dr. K. KAUTER (Redaktionssekretär)
Dr. F. STAMMBERGER
Dr. G. TISCHENDORF
Dipl.-Berging.-Geol. G. ZINDLER

BAND 9 · JULI 1963 · HEFT 7

Zum Tag des deutschen Bergmanns 1963

Ein schöner Tag, der Festtag unserer Bergmänner, wird wieder begangen. Der Riese hat kraftvoll seine Arme gerührt, und die schwarzen Schätze rollen. Die Alten werden mit grübelnden Stirnen dabeisitzen und vielleicht sagen: Das Gestern war eine verfluchte Zeit! Und sie werden staunen, daß sie das Heute, einen Festtag in ihrem Arbeiter-und-Bauern-Staat, erleben dürfen. Ja, es war eine verfluchte, verfluchte Zeit: Wir lagen in Nächten begraben, der Hunger, die Not und die Pein, wie Aas hingeworfen den Raben — verfluchtes Proletariersein. Das war das Gestern.

Es hieß kämpfen und sich behaupten. Unser Zusammen, unsere Gewerkschaft, die Partei waren unsere nie zu bezwingende Kraft. Man fragte mich oft: Liebte der Arbeiter seine Arbeit, seinen Werktag, seine Grube? Ja, es war eine unglückliche Liebe im Gestern — eine hungrige, eine quälende Liebe.

Heute sage ich: Es ist eine glückliche Liebe, eine Liebe, bei der man wieder jung werden kann. Wie schön klingt das: Ich bin Bergmann — wer ist mehr!

Aber es war nur möglich, nachdem die alten Sklavenfesseln der kapitalistischen Ordnung zerrissen und die Schächte des Volkes Eigen geworden sind.

Dank euch, ihr Sowjetarmeen — dank euch, ihr Lehrer und Meister, die ihr uns den Weg ins Heute freigeschlagen und geebnet habt. Dank dir, Partei, dank euch, Genossen, die ihr uns diesen Weg geführt habt und uns die Schönheit und die Weite des neuen Daseins mit der menschlichsten Wissenschaft eines Marx, Engels und Lenin erleuchtet.

Ein herrliches Erbe, ihr jungen Bergmänner. Erweist euch dieser Meister würdig. Und ihr legt schon ein Zeugnis eurer jungen sozialistischen Kraft und eines großartigen Eifers und Gedankenreichtums durch eure Aktivistentaten vor die staunende Welt. Freut euch an eurem schönen Tage. Und morgen geht es wieder daran, neue Berge zu versetzen.

HANS MARCHWITZA
(1958)

Zum Neuaufschluß des sog. „Felsithorizontes" von Halsbrücke[1]

LUDWIG BAUMANN & GÜNTER WEINHOLD, Freiberg (Sa.)

1. Allgemeine geologische Situation

Die geologischen Erkundungsarbeiten des VEB Bergbau- und Hüttenkombinates „Albert Funk", Freiberg, führten in den vergangenen Jahren im NW-Feld des Grubenbetriebes Halsbrücke durch Auffahrungen auf den Erzgängen „Ludwig Spat" und „Drei Prinzen Spat" zu einem Neuaufschluß des sog. „Felsithorizontes" von Halsbrücke. Dieser Felsithorizont stellt eine petrographisch sehr inhomogen zusammengesetzte Gesteinszone dar, die sich auf Grund der neueren Untersuchungen teilweise durch eine relativ reichhaltige sulfidische und oxydische Vererzung auszeichnet.

Geologisch ist der „Felsithorizont" ein Bestandteil des kristallinen Grundgebirges des östlichen Erzgebirges. Dasselbe baut sich im wesentlichen auf aus den metamorphen Gesteinen der Gneisformation, welche im Freiberger Raum in ihrer Schieferung ein annähernd umlaufendes Streichen und ein vom Zentrum in Richtung der Randzone zunehmendes Einfallen aufweisen, wodurch ein flachgewölbter Kuppelbau erkennbar wird. Der im Zentrum dieser Freiberger „Gneiskuppel" vorherrschende und relativ einförmige, graue Biotitgneis (gnf) erfährt nach außen eine mineralfazielle und strukturelle Veränderung, welche sich zunächst in verschiedenen Gneisvarietäten äußert (Brander Gneis, Wegefarther Gneis u. a.) und sich nach den Randgebieten zu in eine zunehmende petrographische Inhomogenität steigert. Diese besonders nach NW in Richtung der Erzgebirgischen Mulde auftretende petrographische Verschiedenartigkeit äußert sich vor allem im verstärkten Auftreten von Zweiglimmergneis (gnk = obere Gneisstufe bzw. Marienberger Gneis), dichtem Gneis, Rotgneis (mgn), sog. „felsitischen" Gesteinen (gnδ), Gneisglimmerschiefer und Glimmerschiefer (m), in denen noch geringmächtigere Amphibolit-, Quarzitschiefer- und marmorisierte Kalkpartien linsenförmig eingeschaltet sind. Auf Grund ihrer petrographischen Zusammensetzung und ihrer geologischen Lagerung werden diese mannigfaltigen Gesteine vorwiegend als ursprünglich sedimentäre Bildungen, d. h. als Paragesteine, angesprochen.

Der besonders heterogen zusammengesetzte „Felsithorizont" verläuft im Untersuchungsbereich mit annähernd $70^{g} / 60^{g}$ NW relativ konstant innerhalb der Grenzzone des Zweiglimmergneises (gnk) zum hangenden Glimmerschiefer (m). Seine annähernde Konkordanz zu den umgebenden Gesteinen läßt in ihm mit gewissen Einschränkungen eine Art „stratigraphischen Horizont" vermuten (Abb. 1).

2. Bisherige Kenntnisse und Aufschlüsse

Der sog. „Felsithorizont" von Halsbrücke wurde bereits im vergangenen Jahrhundert im ehemaligen Grubenfeld von „Kurprinz Friedrich August" auf mehreren Sohlen durchfahren. FREIESLEBEN (1831) beschrieb ihn zuerst als eine „dem dortigen Gneis eingeschaltete Zone von weißstein- oder quarzfelsartigem Gneis mit dazwischen vorkommenden, unbestimmt geformten Partien dichter, mehr hornsteinartiger Massen". BEUST (1835) führt ihn später als einen „sehr quarzigen Tonstein (porphyrähnlich) mit dichter, in das unvollkommen Schiefrige übergehender Textur" auf, während NAUMANN (1845) ihn gleichfalls für ein dem Porphyr am nächsten verwandtes Gestein anspricht. MÜLLER (1850, 1901) beschäftigte sich bereits etwas eingehender mit diesem Gestein. Nach ihm „erscheint es bald als ein rötlichweißer bis grauer, sehr quarz- und feldspatreicher Gneis mit regelmäßiger Schieferung, bald als eine erbsengelbe, rötlich- bis grünlichgraue, feinkörnige bis dichte, unregelmäßig zerklüftete, granulit-, porphyr- oder tonsteinartige Masse, bald geht es in eine Art von dichtem, dunkelgrün gefärbtem Grünstein, bald auch in einen sehr festen, dichten, schwarzen, alaunschieferartigen Hornstein über". Scharfe Grenzen des Felsitfels[2]) kommen nach MÜLLER zwar vor, sind aber sehr selten. Meist ist er mit dem benachbarten Gneis durch allmähliche Übergänge oder durch mehrfache Wechsellagerungen verbunden, wie denn „überhaupt manche, mehr gneisartige Varietäten des Felsits weniger selbständige Bildungen als vielmehr Imprägnationsprodukte des gewöhnlichen Gneises im Kontakt mit Felsitmasse zu sein scheinen" (!). MÜLLER macht weiterhin darauf aufmerksam, daß „die feinkörnigen oder dichten Abänderungen viel eingesprengten Schwefelkies enthalten", welcher nach FREIESLEBEN (1846) Spuren von Gold gezeigt haben soll.

Da jedoch das geologische und bergmännische Interesse innerhalb des Freiberger Lagerstättenbezirkes in der Vergangenheit ausschließlich auf die hydrothermale Gangvererzung gerichtet war, erfolgte der Aufschluß dieses felsitischen Gesteinshorizontes nur im Rahmen der in diesem Gebiet durchgeführten Gangauffahrungen. Die beiden wichtigsten Erzgänge im NW-Feld von Halsbrücke (ehem. „Kurprinz Friedrich August") sind die annähernd W—E streichenden, der fluorbarytischen Bleierzformation (fba) zugeordneten Gangspalten des „Ludwig Spats" und „Drei Prinzen Spats". Beide Gänge durchsetzen in einem spitzen Winkel den mit ca. 70^{g} konkordant im Gneis eingelagerten „Felsithorizont" (Abb. 1). Die früheren Gangauffahrungen durchörterten denselben sowohl auf dem „Ludwig Spat" (Bereich Wittigschacht) als auch auf dem „Drei Prinzen Spat" (Bereich Steinschacht) auf mehreren Sohlen. Man schenkte jedoch dem „Felsithorizont" weder durch nähere Untersuchungen auf weitere Metallkomponenten noch durch irgendwelche besondere bergmännische Erkundungsauffahrungen eine größere Aufmerksamkeit. Lediglich im Rahmen von Untersuchungen über eine mögliche chemische Beeinflussung der hydrothermalen Gangvererzung durch das Nebengestein wurde dieser „Felsithorizont" als Musterbeispiel dafür herangezogen (MÜL-

[1]) Eingang des Manuskripts in der Redaktion: 20. 3. 1963

[2]) Die Bezeichnung „Felsit" für dieses Gestein ist vermutlich eine alte Bergmannsbezeichnung und wurde vor allem von MÜLLER (1850, 1901) in der Literatur verwendet. Sie soll neuerdings als geologischer Sammelbegriff für den gesamten Gesteinshorizont beibehalten werden.

ler 1850, 1901). Wie der Flache Riß vom „Ludwig Spat“ erkennen läßt (Abb. 2), fällt die Verbreitung eines ausgedehnten Erzfalles in der Gegend des Wittigschachtes mit einer horizontalen Erstreckung von 70 bis 200 m auf die große Teufe von 480 m unter Tage bis zur 11. Gez.-Str. nahezu mit dem „Felsithorizont“ zusammen[3]). Nach Müller zeigte der „Ludwig Spat“ im Bereiche dieses fahlbandähnlichen Felsitlagers ein gegen die angrenzenden, im Gneis und im Glimmerschiefer aufgefahrenen Gangstrecken sehr abweichendes Verhalten. Während er in letzteren Nachbargesteinen nur 0,2 bis 1,0 m mächtig war, besaß er im Felsit meistens eine Mächtigkeit von 1,5 bis 5,0 m (!). Dabei zeigte der Gang gleichzeitig eine merkliche Abweichung vom Hauptstreichen, indem er hier einen gegen SW gerichteten Bogen beschreibt. Ohne die ursprüngliche Vermutung einer chemischen Reduktionswirkung des im Nebengestein als Übergemengteil reichlich vorhandenen Pyrits auf die Hydrothermallösungen grundsätzlich abzulehnen, scheint es jedoch nach den neueren gangtektonischen Untersuchungen innerhalb des Freiberger Lagerstättenbezirkes (Baumann 1958 und 1963) wahrscheinlicher, daß in erster Linie die lokale Spaltentektonik (Streichrichtungswechsel und Zunahme der Mächtigkeit!) diese Erzanreicherungen verursachte. Auch der weiter südlich verlaufende „Drei Prinzen Spat“ zeigte innerhalb des „Felsithorizontes“ (Bereich Steinschacht) fast durchgängig sehr große Mächtigkeiten (2—5 m) und damit eine gute Erzschüttung. Da jedoch diese Erzfälle alle abgebaut und die alten Sohlen im Bereich des „Felsithorizontes“ zum größten Teil nicht mehr zugängig sind, konnten Untersuchungen nach der Neuaufnahme des Bergbaus in diesem Gebiet (1952 Beendigung der Sümpfung des ehem. „Kurprinzer“ Grubenfeldes) nicht mehr durchgeführt werden, zumal nach den vorhandenen Unterlagen damals auch kein bergmännisches Interesse für die Nebengesteinsvererzung bestanden hat.

Erst die in den letzten Jahren im Rahmen der verstärkten Erkundung der Freiberger Randgebiete erfolgten Auffahrungen im NW-Feld des Halsbrücker Grubenbetriebes führten an einigen Stellen, besonders auf dem „Drei Prinzen Spat“ (8. Gezeugstrecke, 250-m-Sohle) und auf dem „Ludwig Spat“ (350-m-Sohle), zu einem Neuaufschluß der felsitischen Gesteinszone. Dabei schenkte man erstmalig neben der Gangvererzung auch den relativ hohen imprägnativen Pyritanreicherungen im Nebengestein eine erhöhte Aufmerksamkeit (Baumann 1962).

Seit dem II. Halbjahr 1961 wurden daraufhin der Felsithorizont und seine Vererzung von der Geologischen Abteilung des VEB Bergbau- und Hüttenkombinats, Freiberg, in eine eingehende geologisch-petrographische Untersuchung einbezogen. Diese ersten systematisch

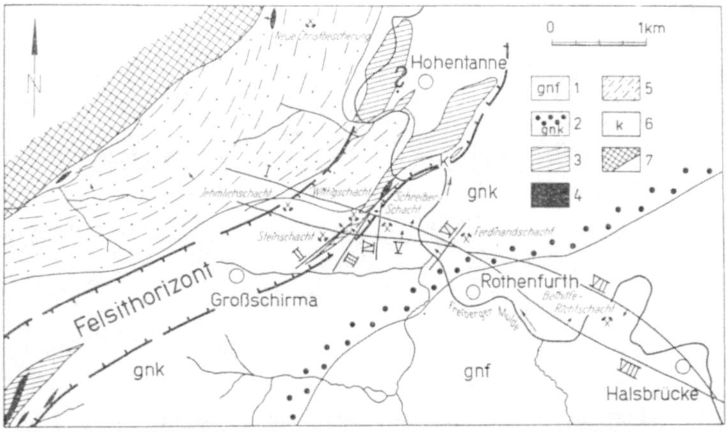

Abb. 1. Geologische Übersichtskarte des NW-Feldes von Halsbrücke

1 – Freiberger Biotitgneis (untere Gneisstufe); 2 – Zweiglimmergneise (obere Gneisstufe); 3 – Rote Gneise; 4 – Hornfels, Felsit; 5 – Gesteine der Glimmerschieferformation; 6 – Kalkstein; 7 – Paläozoikum

I – Ludwig Spat, II – Adolph Mg., III – Ferdinand Sth., IV – Friedrich Sth., V – Drei Prinzen Spat, VI – Münz Mg., VII – Samuel Spat, VIII – Halsbrücker Spat

durchgeführten Untersuchungsarbeiten umfaßten zunächst eine gründliche petrographische Kartierung des gesamten Gesteinskomplexes (wobei neben den Neuaufschlüssen auf den tieferen Sohlen auch verschiedene alte, unter besonderen Vorsichtsmaßnahmen noch befahrbare Strecken der oberen Sohlen in die Untersuchungen mit einbezogen wurden) sowie eine je nach den vorliegenden Verhältnissen teils systematische, teils stichprobenartige Bemusterung der vorhandenen Aufschlüsse.

3. Neue geologisch-petrographische Aufnahme

Die Gesteinsvarietäten

Im Rahmen der erstmalig nach einheitlichen Gesichtspunkten, zunächst in den Maßstäben 1:100 und 1:200, systematisch durchgeführten geologisch-petrographischen Kartierung aller im Bereich des Felsithorizontes noch zugängigen Grubenbaue wurden die wesentlichsten Gesteinsvarietäten unterschieden und in den einzelnen Streckenkartierungen durch verschiedene Signaturen gekennzeichnet (Abb. 3—7). Mit Hilfe dieser Streckenkartierungen, welche auf den noch befahrbaren Gangauffahrungen im „Ludwig Spat“ und „Drei Prinzen Spat“ durchgeführt wurden, konnte zunächst makroskopisch die petrographische Ausbildung des „Felsithorizontes“ näher bestimmt werden. Dabei ließen sich, unterstützt durch mikroskopische und chemische Untersuchungen, bisher mehrere strukturell und mineralfaziell stark unterschiedliche Gesteinsvarietäten auseinanderhalten. Diese konnten, in annähernd gleicher Ausbildung und Zusammensetzung, über alle aufgeschlossenen Sohlenbereiche hinweg verfolgt werden und ermöglichten dadurch eine gewisse „stratigraphische“ Horizontierung.

Darüber hinaus erbrachten diese detaillierten und z. T. auf den alten Sohlenstrecken unter sehr schwierigen Bedingungen erfolgten petrographischen Aufnahmen eine gewisse Klärung der geologischen und petrographischen Situation und gleichzeitig eine genauere räumliche Fixierung von sog. „Felsiterzlagern“, welche für eine

[3]) Wie die neueren Untersuchungen und bereits auch genauere Angaben von Müller beweisen, ist der im Flachen Riß des „Ludwig Spats“ eingetragene Verlauf des Felsithorizontes sehr schematisch. So befindet sich z. B. nach Müller (1850) der in der Gegend des „Braun“-Schachtes nach der Teufe zu sich hinabziehende Erzfall ebenfalls innerhalb der Felsitzone, was, wie die neueren Untersuchungen teilweise bestätigten, auf einen flacheren Verlauf derselben in den oberen Teufenbereichen zurückzuführen ist.

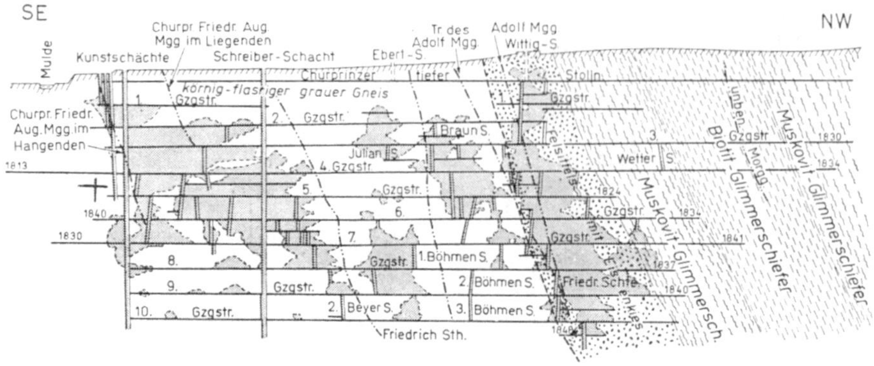

Abb. 2. Flacher Riß vom „Ludwig Spat" im ehemaligen Grubenfeld von „Kurprinz Friedrich August" (aus MÜLLER 1901)

technisch-ökonomische Nutzung evtl. in Betracht kommen könnten.

Innerhalb des „Felsithorizontes" lassen sich nach den bisherigen Untersuchungen folgende Gesteinsvarietäten unterscheiden:

Der Zweiglimmergneis (gnk) bildet im Untersuchungsbereich das Hauptgestein, in welchen die Felsitgesteine i.e.S. eingeschaltet sind. In SE-Richtung zeigt er einen allmählichen Übergang in den Biotitgneis der unteren Gneisstufe (gn bzw. gnf), während er nach NW von Gneisglimmerschiefer und Glimmerschiefer abgelöst wird (Abb. 1). Der Zweiglimmergneis bildet ein einförmiges, graues Gestein mit einer deutlich flasrigen Paralleltextur. Die Struktur variiert in gewissen Bereichen, kann jedoch allgemein als mittelkörnig angesprochen werden. Die mineralischen Hauptgemengteile sind Plagioklas, Quarz, Orthoklas sowie in einem variablen Verhältnis Biotit und Muskovit.

Der Schwarzschiefer ist das wichtigste Gestein des „Felsithorizontes", da vorzugsweise an ihn die Vererzung gebunden ist. Er bildet ein pechschwarzes bis graugrünes Gestein, welches teils geschiefert auftritt (alaunschieferartig), teils in dichter, massiger Ausbildung (hornsteinartig) vorliegen kann. Kontinuierliche Übergänge können sowohl zum Zweiglimmergneis als auch zu dem häufig mit ihm zusammen auftretenden Rotgneis bzw. Porphyroid beobachtet werden. Die mineralischen Hauptgemengteile des in mehreren Varietäten auftretenden Schwarzschiefers sind in wechselnden Anteilen: Chlorit, Serizit, Quarz, Hornblenden, Karbonspäte, sulfidische und oxydische Erzmineralien, kohlige Substanz (?).

Porphyroid ist ein rötliches, porphyrähnliches („felsitisches") Gestein, das dem gesamten „Felsithorizont" den Namen gegeben hat. Es zeichnet sich durch eine dichte Struktur, großen Feldspatreichtum und Mangel an dunklen Gemengteilen aus. Nur ganz schwach ist eine schiefrige Textur angedeutet. Durch ein stärkeres Hinzutreten von Muskovit entsteht ein zunehmend gneisiges Gefüge, welches dann seinerseits zu dem fast immer randlich damit verbundenen Rotgneis überleitet. Vermutlich handelt es sich bei diesem Gestein ursprünglich um untermeerische Lavenergüsse bzw. um tuffiges Material, welches zusammen mit den Schwarzschiefern zur Ablagerung gekommen ist.

Rotgneis setzt sich hauptsächlich aus Plagioklas (Albit), weniger aus Orthoklas, Quarz und Muskovit zusammen. Der Rotgneis zeigt einerseits kontinuierliche Übergänge zum Porphyroid und andererseits zum Schwarzschiefer. Vermutlich repräsentiert er stärkere Durchbewegungshorizonte, welche sich bevorzugt in den Grenzbereichen einer ursprünglich tonig-sapropelitischen Sedimentfazies (Zweiglimmergneis, Schwarzschiefer) zu den inhomogen wirkenden Effusiveinlagerungen (Porphyroid) ausbildeten.

Kalkstein. Obwohl der Schwarzschiefer immer etwas kalkhaltig ist, treten kompakte Kalkpartien erst im äußersten Hangenden des Felsithorizontes auf. Bei diesen bis zu mehreren Meter mächtigen linsenförmigen Einlagerungen handelt es sich um einen grauweißen, zuckerkörnigen (marmorisierten) Kalkstein, der oftmals eine deutliche Bänderstruktur aufweist.

Die geologische Lagerung dieser Felsitgesteine ist aus den nachstehend diskutierten Sohlenprofilen erkennbar.

Diskussion der Streckenkartierungen

Innerhalb des „Felsithorizontes" konnten bisher drei sog. „Felsitzonen" unterschieden werden, welche durch mächtigere Zweiglimmergneis- bzw. Biotitgneispartien getrennt werden.

Die 1. Felsitzone

Diese Gesteinszone ist aus früherer Zeit hauptsächlich vom „Ludwig Spat" bekannt (Abb. 2). Leider ist eine Befahrung der oberen Sohlen nur noch auf der „Kurprinzer-tiefen-Stollnsohle" (28-m-Sohle) möglich. Alle anderen Sohlen (1.—$^1/_2$ 11. Sohle) auf dem „Ludwig Spat" sind entweder am „Friedrich-" bzw. „Ferdinand Sth." vermauert und z. Z. nicht mehr zugängig.

Auf der „Kurprinzer-tiefen-Stollnsohle" ist die felsitische Gesteinszone unmittelbar am Wittigschacht aufgeschlossen. Die wahre Schichtenmächtigkeit dieser Zone beträgt etwa 25—30 m. Kartiert wurden 80 m. Unter Berücksichtigung des Streichens und Fallens ist die wahre Schichtenmächtigkeit ermittelt worden. Die Gesteinslagen zeigen einen durchschnittlichen Streich- und Fallwert von $75^g/67^g$ NW. Begrenzt wird die felsitische Gesteinszone im Liegenden durch Biotitgneis, im Hangenden durch Zweiglimmergneis. Die Felsitzone selbst besteht aus einem dichten Gestein mit rötlichem, porphyrartigem Aussehen. Dieses porphyroidische Gestein geht im Hangenden und Liegenden in bankig-schiefrigen Rotgneis über. Im Hangenden und Liegenden wird die felsitische Gesteinszone zum Gneis durch eine mehrere Dezimeter mächtige, stark verwitterte, rotbraune und z. T. noch aus massigem, dunklem Gestein mit geringer Schwefelkiesimprägnation bestehende Zone begrenzt. Eine schwache Imprägnation mit Pyrit zeichnet auch den schiefrig-bankigen Rotgneis aus. Größere gewinnbare Pyritkonzentrationen konnten

Abb. 3. Sohlenkartierung 350-m-S. (am „
Abb. 4. Sohlenkartierung 8. Gezeugstreck
Abb. 5. Sohlenkartierung 250-m-Sohle (an
Abb. 6. Sohlenkartierung 8. Gez. Str. (1

1 – Biotitgneis (untere Gneisstufe, 2 = Zweiglimmergneis (obere Gneisstufe), 3 – Glimmerschiefer, 4 – Schwarzschiefer (schiefrig), 5

Abb. 3

Abb. 4

Abb. 5

Abb. 6

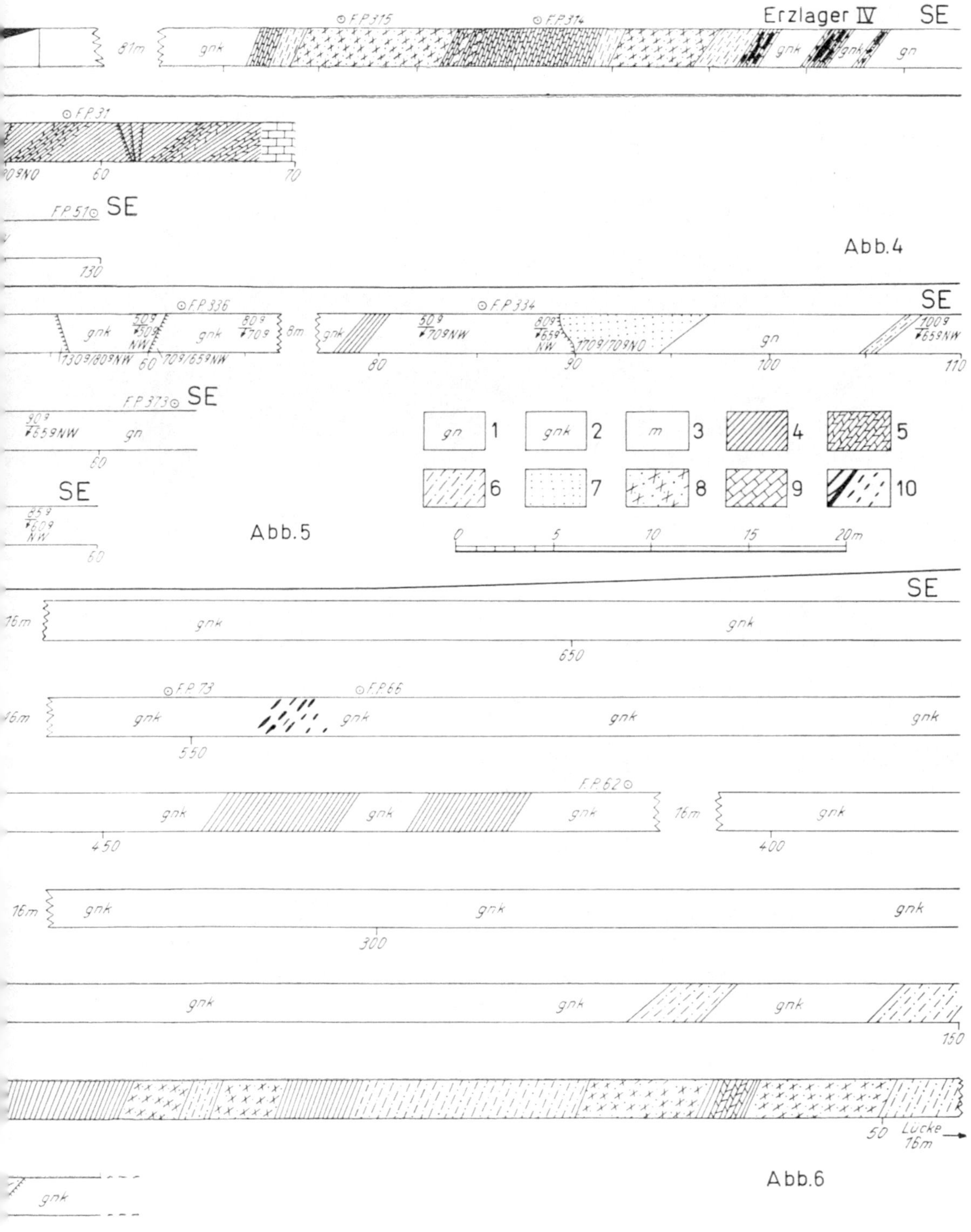

"), 1. Felsitzone (Erzlager I und IV)
Prinzen Spat"), 1. Felsitzone (Erzlager I)
zen Spat"), 1. Felsitzone (Erzlager I)
ne)

, 6 – Rotgneis (schiefrig), 7 – dgl. (bankig), 8 – Porphyroid, 9 – Kalkstein, 10 – Vererzungszonen (kompakt und imprägniert

nicht festgestellt werden. Es ist wahrscheinlich, daß diese kartierte Gesteinspartie dem hangenden Teil der sog. 1. Felsitzone zuzuordnen ist.

In den Jahren 1960—1961 wurde im Rahmen der Randgebietserkundung aus dem Bereich des Oberschlägigen Kunstschachtes auf dem „Ludwig Spat" die 350-m-Sohle ca. 870 m nach NW aufgefahren. Dabei wurden bei etwa 700—730 m und bei 820—870 m felsitische Gesteine mit teilweise starker Erzimprägnierung durchörtert (Abb. 3). Der Bereich bei 700—730 m (Nähe F. P. 314) setzt sich zusammen aus massigen schwarzen Gesteinen, weiterhin aus rötlichen, porphyroidischen Gesteinen, die Übergänge zu bankigem und schließlich schiefrigem Rotgneis erkennen lassen. Die Gesteinsübergänge liegen dabei im Zentimeterbereich, mitunter lassen sich auch scharfe Gesteinsgrenzen beobachten. Das Liegende des felsitischen Gesteinslagers wird aus mittelflasrigem Biotitgneis, das Hangende aus Zweiglimmergneis gebildet. Die Schieferung (≈ Schichtung) der Gesteine hat hier einen durchschnittlichen Streich- und Fallwert von 65g/75g NW. Die felsitischen Gesteine sind auf winzigen Klüften schwach mit Schwefelkies imprägniert. Eine besondere Erzanreicherung ist lediglich in der liegendsten felsitischen Partie zu bemerken. Im dunklen massigen Schwarzschiefer lassen sich hier einige schlierenförmige Pyritlagen beobachten (= sog. „Felsiterzlager" IV).

Der hangende Teil dieser aufgeschlossenen Felsitzone wurde durch zwei fast parallele Strecken (Nord- und Südstrecke) zwischen 820 und 870 m (Nähe F. P. 323) nordwestlich vom Kunstschacht aufgeschlossen (Abb. 3). Er besteht wiederum aus dunklen, z. T. massigen Schwarzschieferlagen, rötlichen porphyroidischen Gesteinen und vor allem aus schiefrigem Rotgneis. Die dunklen Schwarzschieferlagen werden hier durch sehr starke Schwefelkiesanreicherungen charakterisiert, so daß mitunter fast kompakte Erzhorizonte in Erscheinung treten. Diese vier im Durchschnitt 0,70 m mächtigen Erzlagen wechsellagern mit rotgneisähnlichen Gesteinen. Die wahre Mächtigkeit dieser gesamten Partie (= „Felsiterzlager" I) beträgt etwa 5 m. Das Liegende dieser felsitischen Gesteinszone besteht aus Zweiglimmergneis, während das Hangende in einen typischen plattig-schiefrigen Rotgneis übergeht. Die durchschnittliche Schieferung bzw. Schichtung der Gesteine beträgt hier 60g/45g NW.

Im Bereich des „Drei Prinzen Spats" setzt die 1. Felsitzone, welche sich von den entsprechenden Aufschlüssen am „Ludwig Spat" in einer streichenden Entfernung von ca. 600 m befindet, in der Nähe des Steinschachtes in die Teufe. Die oberste Sohle auf diesem Gange, die 2. Gezeugstrecke, war nicht mehr zugängig.

Auf der 4. Gezeugstrecke konnten bei etwa 520 m nordwestlich vom „Friedrich Sth." porphyroidische Gesteine beobachtet werden. Von 530—570 m steht die Strecke in Mauerung. Es ist zu vermuten, daß in diesem Bereich noch weitere felsitische und pyrithaltige Gesteinspartien übersetzen.

Auf der 6. Gezeugstrecke konnten trotz starker Mauerung mehrere „felsitische" Gesteinsvarietäten kartiert werden. Im wesentlichen treten Schwarzschiefer auf, in welche zwei 0,10 bzw. 0,50 m mächtige Erzpartien eingelagert sind (= „Felsiterzlager" I). Darüber hinaus läßt sich eine generelle Imprägnation des Schwarzschiefers mit Pyrit beobachten. Während das Liegende vorwiegend aus Zweiglimmergneis besteht, tritt im Hangenden wiederum ein typisch schiefrig-plattiger Rotgneis auf. Schieferung und Schichtung der Gesteine betragen hier im Durchschnitt 70g/40g NW.

Auf der 8. Gezeugstrecke kann die Ausbildung der gesamten 1. Felsitzone nordwestlich des F. P. 51 sehr gut beobachtet werden (Abb. 4). Sie besteht im wesentlichen aus Schwarzschiefern, die teilweise ein massiges, hornsteinartiges Aussehen haben und häufig Übergänge zum Zweiglimmergneis zeigen. In den hangenden und liegenden Teilen der Felsitzone treten innerhalb des Schwarzschiefers in mehreren Wechsellagerungen rötliche, porphyroidische Gesteine auf. Letztere zeigen teilweise Übergänge zu schiefrigem Rotgneis. Die Gesteinslagen streichen im Mittel mit 65g und fallen mit 50g nach NW ein. Die gesamte kartierte Gesteinszone, besonders jedoch die Schwarzschiefer, läßt eine schwache Schwefelkiesimprägnation erkennen. Südöstlich des F. P. 33 liegen innerhalb einer größeren Schwarzschieferpartie drei 0,15—0,30 m mächtige Schwefelkieslagen (= „Felsiterzlager" I). Daran schließt sich im Hangenden wieder ein plattig-schiefrig ausgebildeter Rotgneis an.

Auf der 250-m-Sohle wurden die felsitischen Gesteine von drei Strecken durchörtert: Gangstrecke „Drei Prinzen Spat", Richtstrecke zum „Drei Prinzen Spat" und Umfahrungsstrecke zum Blindschacht 3 (Abb. 5). Dabei ist besonders auf dieser Sohle die wechselartige Ausbildung der felsitischen Gesteinszone sehr deutlich zu erkennen. Das Generalstreichen und -einfallen der Gesteine beträgt 77g/62g NW. Die Wechsellagerungen zwischen Schwarzschiefer und porphyroidischen bis rotgneisartigen Gesteinen in der Umfahrungsstrecke zum Blindschacht 3 und der Richtstrecke verringern sich bis zur Gangstrecke „Drei Prinzen Spat" auf zwei nur wenige Meter mächtige Rotgneispartien. Eine schwache Schwefelkiesimprägnation dieser Gesteine ist zu erkennen. In Richtung NW schließt sich daran Zweiglimmergneis an. Dieser geht wiederum in Schwarzschiefer über. An diesen sind vier annähernd kompakte Erzlagen mit Mächtigkeiten von 0,05—0,85 m gebunden. Die gesamte wahre Mächtigkeit dieses Vererzungshorizontes (= „Felsiterzlager" I) beträgt 4,0 m. Im Hangenden schließt sich daran wiederum der plattig-schiefrige Rotgneis an.

Auf der 300-m-Sohle ist bisher nur der liegende Teil der felsitischen Gesteinszone aufgeschlossen. Die 40 m mächtige Zone streicht mit 87g und fällt mit 70g NW ein. Wechsellagerungen zwischen Schwarzschiefer und roten porphyroidischen Gesteinen, welche teilweise in Rotgneis übergehen, sind auch hier zu beobachten. Die Imprägnation des Gesteins mit Sulfiden ist auf dieser Sohle stärker als auf den höher gelegenen Sohlen. Mitunter treten besonders in den Schwarzschiefern einige Zentimeter mächtige Schwefelkieslagen auf. Die hangenden Partien der 1. Felsitzone, insbesondere das „Felsiterzlager" I und der daran anschließende plattig-schiefrige Rotgneis, wurden auf dieser Sohle noch nicht aufgeschlossen.

Die 2. Felsitzone

Ungefähr 500 m weiter nordwestlich des kartierten Teils der 1. Felsitzone treten abermals erzführende

Schwarzschieferpartien auf (Abb. 6). Auf Grund der tektonischen Daten dieser Gesteinspartien ist die Vermutung naheliegend, daß hier ein Zusammenhang mit dem bereits von MÜLLER (1850) beschriebenen sog. Kiesstock am „Jehmlich-Schacht“ besteht. Diese bis in eine Teufe von ca. 45 m unter Tage und rund 50 m im Streichen aufgeschlossene Vererzungszone wird „als ein stehender Stock aus gänzlich aufgelöstem Gneis mit innig verwachsenem reinem Schwefelkies in undeutlich kleinen Körnern und Kristallen bestehend“ geschildert. Seine Längenerstreckung soll annähernd in die Streichlinie des Gneises gefallen sein. Die Mächtigkeit betrug bis zu 20 m. Über die Altersverhältnisse dieses Stockes zu den übrigen Erzgängen sind keine bestimmten Nachrichten vorhanden, es sollen jedoch schwächere Ausläufer desselben von dem „Ludwig Spat“ durchsetzt werden. Nach Angaben des Freiberger Jahrbuches, Jg. 1863, sind in einer jüngeren Betriebsperiode (um 1860) rund 520 t Schwefelkies aus diesem Kiesstock am „Jehmlich-Schacht“ gewonnen worden. Eine Befahrung und Kartierung dieser alten Abbaue war neuerdings nicht mehr möglich. Nach den rißlichen Darstellungen kann jedoch aus der Abbauführung der vermutliche Verlauf der Schwefelkiesvererzung rekonstruiert werden. Weiterhin wurde Schwefelkies auf der Halde des „Jehmlich-Schachtes“ gefunden. An Hand des Abbauverlaufes zwischen der „Jehmlich-Stollnsohle“ und der „Kurprinzer-tiefen-Stollnsohle“ wurden in der fallenden Verlängerung auf der noch zugängigen 8. Gezeugstrecke und der 250-m-Sohle die hierfür in Frage kommenden Bereiche nach einer Erzführung untersucht.

Auf der 8. Gezeugstrecke, Richtung NW, konnten bei 9—24 m nordwestlich F.P. 75 erzführende Gesteine beobachtet werden (Abb. 6). Es treten vorwiegend grünlich-schwarze, z. T. massige Schwarzschiefer auf, die gegenüber denjenigen des 1. Felsithorizontes eine etwas veränderte Struktur und Mineralzusammensetzung (Varietät „Grünschiefer“, mit Hornblenden als Hauptgemengteil) aufweisen. Diese Gesteine zeichnen sich z. T. ebenfalls durch eine stärkere Erzführung aus. Und zwar tritt im Liegenden derselben eine 25 cm mächtige, fast kompakte Pyritlage auf, an die sich nach dem Hangenden zu eine starke Schwefelkiesimprägnation anschließt (= „Felsiterzlager“ II). Die Intensität der Erzimprägnationen (z. T. mit Magnetit!) läßt dann sehr schnell in Richtung zum Hangenden nach. Im Hangenden selbst tritt Zweiglimmergneis auf. Das Liegende der Schwarzschieferpartie wird von einer etwa 3 m mächtigen marmorisierten Kalksteineinlagerung gebildet, woran sich dann ebenfalls Zweiglimmergneis anschließt. Der zuckerkörnige, stellenweise sehr reine Kalkstein hat im allgemeinen eine blau-weiße Farbe, größtenteils ist er jedoch durch Fremdsubstanzen bräunlich-schwarz bzw. grün gefärbt. Oftmals zeigt er glimmerreiche bis gneisige Zwischenlagen. Das durchschnittliche Streichen und Fallen dieser gesamten Gesteinspartie beträgt $80^g/70^g$ NW.

Im Niveau der 250-m-Sohle wurde auf der Richtstrecke nach NW, im Projektionsbereich des „Felsiterzlagers“ II von der 8. Gezeugstrecke, ebenfalls eine schwach mit Schwefelkies imprägnierte grünschwarze Schwarzschieferpartie festgestellt. Einige Dezimeter mächtige rötlich-graue, körnige Lagen dieser Gesteinszone können einer kalkigen Fazies zugesprochen werden.

Die 3. Felsitzone

Auf der 300-m-Sohle treten etwa 40 m östlich des Blindschachtes 3 zwischen normalem Biotitgneis ebenfalls Schwarzschiefer in einigen mehrere Dezimeter mächtigen Lagen mit einem Streichen und Fallen von $75^g/80^g$ NW auf.

Dieselbe Gesteinszone wurde auch auf der 350-m-Sohle etwa 30 m östlich des Blindschachtes 3 als sehr steil nach NW einfallende Einlagerung im Biotitgneis aufgeschlossen. Im Niveau der 400-m-Sohle treten 10 m östlich vom Blindschacht 3 im Biotitgneis eingeschaltete Schwarzschiefer und porphyroidische Gesteine in einer 8 m mächtigen Zone auf (Abb. 7). Streichen und Einfallen belaufen sich auf $80^g/80—100^g$ NW. In dem erzimprägnierten Schwarzschiefer kommen teilweise mehrere Zentimeter mächtige, schlierenförmige Pyriteinlagerungen vor, die sich besonders in den hangenden Partien dieser felsitischen Gesteinszone konzentrieren (= „Felsiterzlager“ III).

4. Geologisch-petrographische Charakteristik des „Felsithorizontes“

An Hand der Sohlenkartierungen, insbesondere auf der 6. und 8. Gezeugstrecke, der 250-m- und 300-m-Sohle (am „Drei Prinzen Spat“) sowie auf der 350-m-Sohle (am „Ludwig Spat“), lassen sich trotz der starken Wechselhaftigkeit der Gesteine gewisse gleichartige „Rhythmen“ in der Gesteinsfolge feststellen. Diese sind bei der 1. Felsitzone annähernd über alle bisher aufgeschlossenen Sohlen ca. 450 m im Fallen und 600 m im Streichen zu verfolgen (Abb. 8).

Das Liegende dieser felsitischen Gesteinszone ist immer grauer Biotitgneis (gn) der unteren Gneisstufe. In Richtung zum Hangenden folgen dann meist überwiegend porphyroidische bzw. rotgneisartige Gesteinslagen (= sog. Effusivphase). An diese schließen sich mehr oder weniger mächtige Schwarzschieferpartien an, welche ihrerseits allmählich wieder in Zweiglimmergneis übergehen können (= vermutlich sapropelitisch-tonige Sedimentphase). Diese Schwarzschieferpartien zeichnen sich häufig durch relativ starke Erzimprägnationen aus. Darauf folgt abermals ein annähernd gleicher petrographischer Zyklus: Porphyroid und Rotgneis (= Effusivphase) werden abgelöst von einer vorherrschenden Schwarzschieferserie, an welche sich wieder eine diesmal nach der Teufe zu sich sehr mächtig entwickelnde Zweiglimmergneiszone anschließt. Darauf können nochmals porphyroidische Gesteine folgen (= Effusivphase), die jedoch nicht auf allen bisher aufgeschlossenen Sohlen nachgewiesen werden konnten.

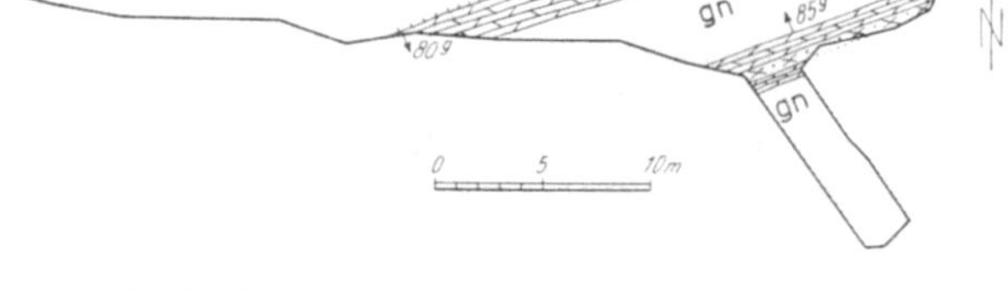

Abb. 7. Sohlenkartierung 400-m-Sohle, 3. Felsitzone („Erzlager“ III)

Diese Erscheinung wird vermutlich durch die an Hand der anderen Aufschlüsse erkennbare linsenförmige Ausbildung dieser Gesteinsserie erklärbar. Daran schließt sich wieder eine sehr stark vererzte Schwarzschieferserie (= „Felsiterzlager" I !) an, welche jedoch diesmal nicht von Zweiglimmergneis, sondern von einer mächtigen Rotgneiszone überlagert wird. Dieser typische, plattig-schiefrig ausgebildete Muskovitgneis ist auf allen Sohlen gleichermaßen vorhanden und kann auf Grund seiner bisherigen Beständigkeit zunächst als eine Art hangender „Leithorizont" des Felsiterzlagers I angesehen werden. Im Hangenden dieses Rotgneises schließen sich dann weitere Wechsellagerungen von felsitischen Gesteinspartien an. Dieselben konnten jedoch bisher nur auf zwei Sohlen (8. Gezeugstrecke und 250-m-Sohle) kartiert werden (Abb. 6 und 8).

Dieser gesamte „felsitische" Gesteinskörper (= 1. Felsitzone) streicht im Durchschnitt mit 70^g und fällt mit 60^g nach NW ein. Es hat jedoch den Anschein, als ob der gesamte Gesteinshorizont nach der Teufe zu im Einfallen versteilt. Dies wird besonders bei einem Vergleich der durchschnittlichen Einfallwerte auf den einzelnen Sohlen deutlich (Abb. 8):

Sohlenniveau		Fallwert
6. Gezeugstrecke	(am „Drei Prinzen Spat")	40^g
8. Gezeugstrecke	„ „ „ „	50^g
250-m-Sohle	„ „ „ „	62^g
300-m-Sohle	„ „ „ „	70^g
350-m-Sohle	(am „Ludwig Spat")	65^g
400-m-Sohle	(am Blindschacht 3)	85^g

Weiter in Richtung NW tritt im Hangenden der 1. Felsitzone eine größere, ca. 250 m mächtige Zweiglimmergneiszone auf, in welche in wechselnden Abständen geringmächtigere porphyroidische sowie rotgneis- und schwarzschieferartige Gesteinsvarietäten eingelagert sind (Abb. 6). Diese bisher nur auf der 8. Gezeugstrecke und der 250-m-Sohle aufgeschlossene und nur sehr schwach erzimprägnierte, sog. „Zwischenzone" wird im Hangenden nochmals von einer größeren

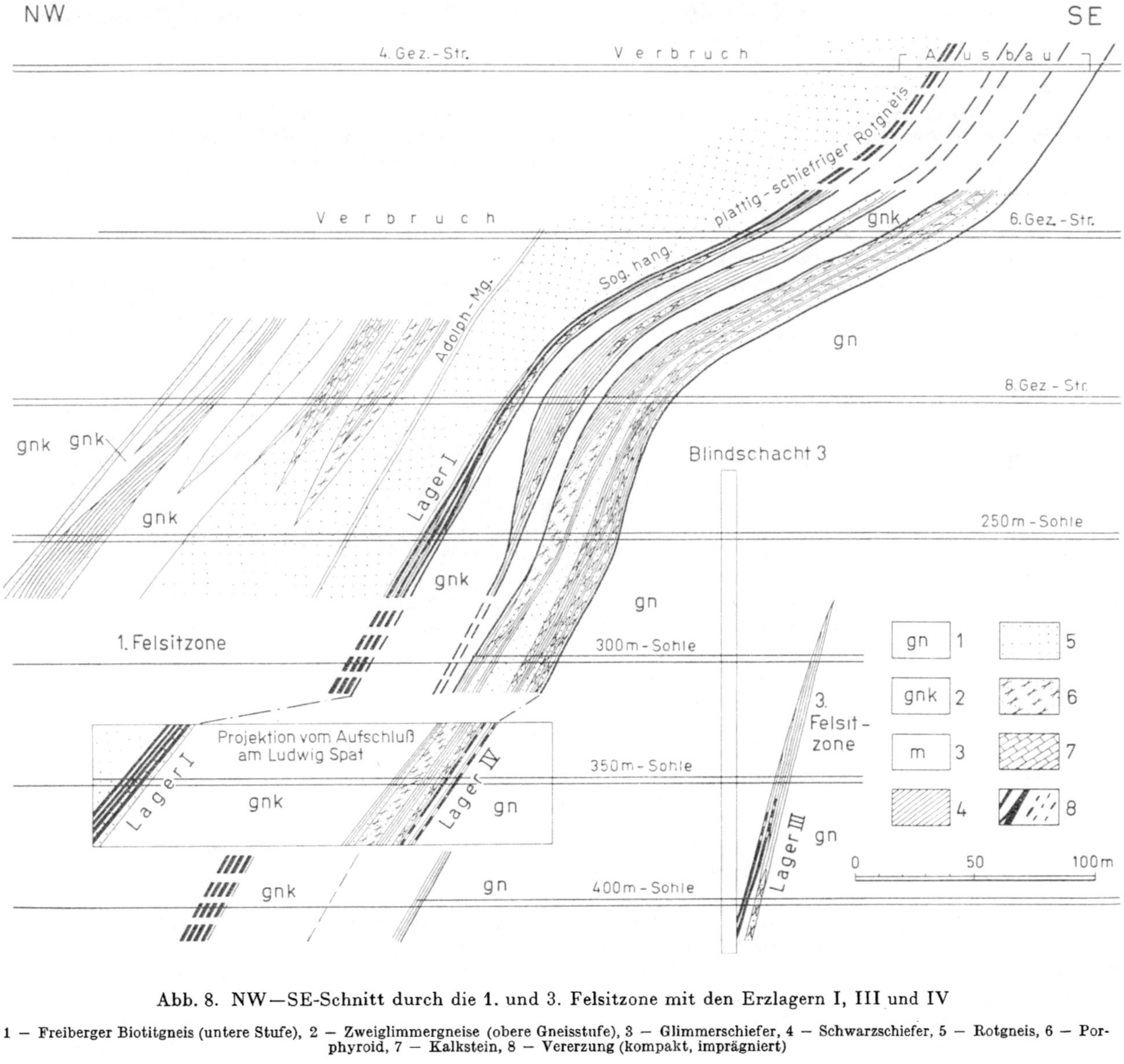

Abb. 8. NW—SE-Schnitt durch die 1. und 3. Felsitzone mit den Erzlagern I, III und IV

1 — Freiberger Biotitgneis (untere Stufe), 2 — Zweiglimmergneise (obere Gneisstufe), 3 — Glimmerschiefer, 4 — Schwarzschiefer, 5 — Rotgneis, 6 — Porphyroid, 7 — Kalkstein, 8 — Vererzung (kompakt, imprägniert)

Schwarzschiefer-(Grünschiefer-)Serie begrenzt, welche gleichfalls relativ starke Erzimprägnationen aufweist. Charakteristisch für diese sog. 2. Felsitzone („Felsiterzlager" II) sind größere, linsenförmige Einlagerungen eines grauweißen, meist verunreinigten Kalksteins. Nach dem Streichen und Fallen dieser Gesteine scheint die vererzte 2. Felsitzone mit der von den Alten gebauten Vererzungszone am „Jehmlich-Schacht" in Zusammenhang zu stehen. Im Hangenden dieser 2. Felsitzone schließen sich nochmals Zweiglimmergneise an, welche dann ihrerseits allmählich in Gneisglimmerschiefer übergehen.

Weiterhin treten noch im Liegenden der 1. Felsitzone, östlich vom Blindschacht 3, felsitische Gesteine als Einlagerungen im Biotitgneis der unteren Stufe (gn) auf. Diese sog. 3. Felsitzone, welche sowohl aus porphyroidischen Gesteinen als auch aus vererzten Schwarzschiefervarietäten besteht, scheint erst unmittelbar unter der 250-m-Sohle nach der Teufe zu einzusetzen (Streichen und Fallen 80g/80—100g NW) und nimmt an Mächtigkeit bis zur 400-m-Sohle laufend zu (Abb. 8). Auf der 400-m-Sohle konnten besonders im Hangenden schlierenförmige Schwefelkiesanreicherungen beobachtet werden (= „Felsiterzlager" III). Seiner Form und Ausbildung nach erscheint dieser felsitische Horizont als Ausläufer eines im weiteren Einfallen mächtiger werdenden linsenförmigen Gesteinskörpers.

5. Zur Vererzung des „Felsithorizontes"

Die felsitischen Gesteinszonen zeichnen sich gegenüber den anderen Gesteinen allgemein durch eine stärkere Erzimprägnierung (insbesondere Pyritführung) aus. Diese Beobachtung machte man bereits in früheren Betriebsperioden, ohne jedoch nähere Untersuchungen über den Grad und die genauere Zusammensetzung dieser Imprägnierung vorzunehmen. Nach den neueren Untersuchungsergebnissen lassen sich bisher strukturmäßig zwei Vererzungstypen unterscheiden, und zwar eine imprägnative und eine lagerförmige, kompakte Vererzung. Zwischen beiden Typen liegen auf Grund des vermutlich genetischen Zusammenhangs kontinuierliche Übergänge vor. Dabei zeigen die einzelnen Gesteinsvarietäten des „Felsithorizontes" einen unterschiedlichen Grad der Erzimprägnierung. Während innerhalb der Porphyroide und Rotgneise eine Vererzung vorwiegend nur auf feinen Haarklüften beobachtet werden kann, zeigen die Schwarzschiefer meist eine relativ reichhaltige Erzimprägnation. Diese im allgemeinen wahllos verstreuten Imprägnierungen verdichten sich in bestimmten Zonen zu größeren Konkretionen, welche sich zu schlierenförmigen Erzhorizonten bzw. Erzlagen konzentrieren können. Diese erzreicheren Horizonte, welche oftmals mit ärmeren Partien wechsellagern, verlaufen nach den bisherigen Beobachtungen meistens parallel zum allgemeinen Streichen und Einfallen der Gesteine (ehemaliges Schichtgefüge?).

Im zentralen Bereich der 1. Felsitzone (unmittelbar im Liegenden der sog. „hangenden" Rotgneiszone) verdichten sich die Erzimprägnierungen innerhalb des dortigen Schwarzschiefers zu einer kompakten, lagerförmigen Vererzung. Dieses „Felsiterzlager" I konnte auf fast allen bisher aufgeschlossenen Sohlen annähernd im gleichen petrographischen (= stratigraphischen?) Horizont nachgewiesen werden (Abb. 8). Dabei wurde festgestellt, daß die Anzahl der auf den einzelnen Sohlen durchörterten Erzlagen und die durchschnittliche Gesamtmächtigkeit nach der Teufe hin zunehmen. Die vorwiegend aus Pyrit-Markasit sowie Kupferkies, Bleiglanz, Zinnstein u. a. bestehenden kompakten Erzlagen liegen konkordant zur Schieferung in einer 2—8 m mächtigen imprägnierten Gesteinszone. Diese besteht vorwiegend aus Schwarzschiefern, welche oftmals verkieselt und gebleicht sind, sowie in geringerem Umfange aus Rotgneis. Charakteristisch für die hangende Begrenzung ist der bereits erwähnte plattigschiefrige Rotgneis, welcher in einer annähernd 25 m mächtigen Lage das Felsiterzlager I nach NW zu begrenzt. Eine scharfe tektonische („salbandartige") bzw. stratigraphische Abgrenzung des Felsiterzlagers I ist, wie vor allem die neuen streichenden Erkundungsauffahrungen zeigen, makroskopisch nicht möglich. Es kann zunächst nur ein höffiger Bereich festgelegt werden, während die genauere Begrenzung erst nach erfolgter Bemusterung an Hand der Analysenergebnisse erfolgen kann.

Innerhalb der 2. Felsitzone im äußersten NW-Teil des Grubengebäudes von Halsbrücke verdichten sich die Erzimprägnationen gleichfalls zu einer annähernd kompakten Lagervererzung (= „Felsiterzlager" II). Die auftretende Schwefelkieslage hat eine Durchschnittsmächtigkeit von 25 cm (Abb. 6). Neben den Eisensulfiden (Pyrit, Markasit) treten hier noch relativ viel Eisenoxyde (Magnetit, Hämatit) auf. Gegenüber dem Erzlager I liegen die Mächtigkeits- und Gehaltswerte jedoch wesentlich niedriger, wobei von einer bestimmten steigenden Tendenz von unten nach oben gesprochen werden kann. Wenn man die in früherer Zeit in reichlichem Maße abgebauten Schwefelkiesmengen am Jehmlich-Schacht, welche auf eine starke Vererzung in den oberen Teufenbereichen hindeuten, mit in diese Betrachtung einbezieht, so liegt der Schluß nahe, daß eine weitere Zunahme der Vererzung nach oben hin eintritt. In Analogie zur 1. Felsitzone, bei der eine allgemeine „linsenförmige" Erweiterung nach der Teufe zu angenommen werden kann, scheint hier eine Erweiterung in Richtung der Tagesoberfläche vorzuliegen. Eine gleiche Entwicklung muß auch im Streichen vermutet werden, wobei jedoch dieselbe z. Z. noch nicht näher eingeschätzt werden kann.

Innerhalb der 3. Felsitzone östlich vom Blindschacht 3, welche auf der 400-m-Sohle eine Mächtigkeit von bereits 8 m besitzt (Abb. 8), treten ebenfalls in den zugehörigen Schwarzschiefern mehrere Zentimeter mächtige, schlierenförmige Pyritimprägnationen auf. In Analogie zur geologischen Situation der Erzlager I und II liegt die Vermutung nahe, daß, gleichlaufend mit einer eventuell vorhandenen linsenförmigen Erweiterung der 3. Felsitzone nach der weiteren Teufe zu, ebenfalls eine stärkere Entwicklung dieses „Erzlagers" III eintreten könnte.

Die in diesem Zusammenhang auftauchende Frage, ob die bisher nachgewiesenen bzw. vermuteten drei Felsitzonen vom Liegenden zum Hangenden eine staffelförmig orientierte, parallele Anordnung besitzen oder ob sie als Teile einer größeren Falte untereinander in einem bestimmten Zusammenhang stehen, läßt sich

z. Z. noch nicht beantworten. Eventuell werden die vorgesehenen Tiefbohrungen eine Klärung herbeiführen. Die Untersuchungsarbeiten werden fortgesetzt.

Zusammenfassung

Die neueren geologischen Erkundungsarbeiten des Bergbau- und Hüttenkombinates „Albert Funk" führten im NW-Feld des Grubenbetriebes Halsbrücke zu einem Neuaufschluß des sog. „Felsithorizontes". Dieser stellt eine petrographisch sehr inhomogen zusammengesetzte Gesteinszone dar, die sich z. T. durch eine sulfidische und oxydische Vererzung auszeichnet.

Eine systematisch durchgeführte geologisch-petrographische Kartierung aller im Bereich des „Felsithorizontes" liegenden Streckenauffahrungen erbrachte eine gewisse Klärung der geologischen und petrographischen Situation und gleichzeitig eine erstmalige, genauere räumliche Fixierung der sog. „Felsiterzlager", welche für eine technisch-ökonomische Nutzung eventuell in Betracht kommen könnten.

Es werden die bisher ausgehaltenen Gesteinsvarietäten kurz erläutert sowie die Ergebnisse der einzelnen Streckenkartierungen diskutiert. An Hand dieser Sohlenkartierungen lassen sich, trotz der starken Wechselhaftigkeit der Gesteine, gewisse gleichartige „Rhythmen" in der Gesteinsfolge feststellen, welche sich über alle bisher aufgeschlossenen Sohlen ca. 450 m im Fallen und 600 m im Streichen verfolgen lassen.

Die felsitischen Gesteine zeichnen sich gegenüber den benachbarten Gesteinen durch eine stärkere Erzimprägnierung aus. Innerhalb bestimmter Schwarzschieferhorizonte können sich diese Erzimprägnierungen zu einer kompakten, lagerförmigen Vererzung verdichten. Dabei konnten bisher im Bereich des Felsithorizontes vier sog. „Felsiterzlager" (Lager I—IV) nachgewiesen werden.

Резюме

Новые геолого-разведочные работы горно-металлургического комбината им. Альберта Функа в северо-западной площади шахты Гальсбрюкке привели к новому вскрытию так наз. „фельзитового горизонта". Этот горизонт представляет собой зону пород с весьма неоднородным петрографическим составом, отличающуюся частично сульфидным и окисленным оруденениями.

Систематическое геолого-петрографическое картирование всех проходок штреков, расположенных в пределах „фельзитового горизонта". привело к известному выяснению геологической и петрографической обстановки, а также впервые к точной пространственной локализации так наз. „фельзитовых рудных залежей", которые возможно представляют интерес для технико-экономического использования.

Кратко освещаются выделенные до сих пор разновидности пород, обсуждаются результаты картирования отдельных штреков. Несмотря на сильную изменчивость пород, на основе этого забойного картирования можно устанавливать известные однородные „ритмы" в толще пород; эти ритмы можно прослеживать примерно 450 м по падению и 600 м по простиранию через все вскрытые до сих пор горизонты.

По сравнению с вмещающими породами, фельзитовые породы отличаются более сильной рудной импреньяцией. Среди опредленных горизонтов черных сланцев эти рудные импреньяции могут уплотняться в комплектное, залежеобразное оруденение. Среди фельзитового горизонта удалось до сих пор обнаружить четыре так наз. „фельзитовые рудные залежи" (залежи I—IV).

Summary

Geological reconnaissance works recently carried out by Bergbau- und Hüttenkombinat „Albert Funk" resulted in a new exposure of the so-called „felsite horizon" in the northwestern field of Halsbrücke pit. Petrographically, it represents a zone of rocks of most inhomogeneous composition partly characterized by a sulphidic and oxidic mineralization.

Some light on the situation was thrown by a geological-petrographical mapping, covering all drivings of levels in the area of the „felsite horizon". Simultaneously, the so-called „felsite-ore deposits", which could possibly be considered as suitable for a technical-economic utilization, for the first time were exactly fixed with reference to their extension.

Rock varieties so far determined are briefly explained and results of the particular levels mapped are discussed. Based on these floor mappings, certain homogeneous „rhythms" can be ascertained in the series of rocks, in spite of the fact that there is a considerable alternation of rocks. Over all floors so far exposed these rhythms can be observed about 450 metres in the dip and 600 metres in the strike.

Compared to neighbouring rocks, the felsitic rocks are characterized by a more intense impregnation of ore, and within certain black schist horizons can concentrate into a compact, deposit-like mineralization. Four so-called „felsite-ore deposits" (deposits I—IV) could be identified so far within the felsite horizon.

Literatur

Baumann, L.: Tektonik und Genesis der Erzlagerstätte von Freiberg (Zentralteil). — Freib. Forsch.-H. C 46, Akademie-Verlag, Berlin 1958.

— Stand und Aufgaben der geologischen Erkundung in den Buntmetallbergbaubetrieben des erzgebirgischen Raumes. — Ber. geol. Ges. DDR, Bd. 7, H. 2, 171—205, Berlin 1962.

— Neue tektonische und paragenetische Erkundungsergebnisse im Freiberger Lagerstättenbezirk. — Freib. Forsch.-H. C 163, Deutscher Verlag für Grundstoffindustrie, Leipzig 1963.

Beust, F. C. v.: Geognostische Skizze der wichtigsten Porphyrgebilde zwischen Freiberg Frauenstein und Nossen. — Freiberg 1835.

Freiesleben, J. C.: Erze und Gangarten der Freiberger Gänge. — Magaz. f. Oryktographie von Sachsen, H. 5 (1831) und H. 12 (1846), Freiberg 1831 und 1846.

Müller, H.: Die Erzlagerstätten nördlich und nordwestlich von Freiberg. — Gangstudien, herausgegeben von B. v. Cotta, 1. Bd., Freiberg 1850.

— Die Erzgänge des Freiberger Bergreviers. — Erl. geol. Spez.-K. v. Sachsen, Leipzig 1901.

Naumann, C. F.: Erläut. z. Sekt. X der geognost. Karte v. Sachsen, 1845.

Über die Unanwendbarkeit der Methode des Wägens bei der Berechnung des Durchschnittsgehaltes[1]

A. A. Petrow, UdSSR

N. W. Wolodomonow (1944) zeigte am Beispiel von Goldlagerstätten, daß in den meisten Fällen das Wägen mit der Mächtigkeit bei der Berechnung des Durchschnittsgehaltes von Vorratsblöcken nicht nur zu keiner Verbesserung des Ergebnisses führt, sondern oft sogar die Genauigkeit verringert.

[1]) Aus: „Raswedka i ochrana nedr", Nr. 3, 1962, S. 11—15. — Übers.: Koppenhagen.

Nach Ansicht N. W. Wolodomonows erklärt sich das dadurch, daß das „Wägen" unbedingt eine bestimmte statistische direkte oder reziproke Abhängigkeit (Korrelation) zwischen Gehalt und Mächtigkeit voraussetzt. Wenn eine solche Abhängigkeit in der Lagerstätte beobachtet wird, muß die Berechnung des Durchschnittsgehaltes durch Wägen des Durchschnitts mit der Mächtigkeit erfolgen. Fehlt diese Abhängigkeit, was meist der Fall ist, ist das Wägen des Gehaltes mit der entsprechenden Mächtigkeit überflüssig. Zufällige, nicht gesetzmäßige Kombinationen großer Mächtigkeiten mit hohen Gehalten, oder umgekehrt kleiner Mächtigkeiten mit niedrigen Gehalten, können wesentlich die Durchschnittsresultate entstellen.

Die Thesen und Schlußfolgerungen N. W. WOLODOMONOWs wurden von den meisten Geologen anerkannt und in die Lehrbücher (A. A. JAKSCHIN 1954) übernommen. Jedoch der Sinn des Wägens wurde von N. W. WOLODOMONOW nicht ganz richtig dargelegt; ferner widerspricht die These über die Notwendigkeit des Wägens bei der Berechnung des Gehaltes in Blöcken mit korrelativen Abhängigkeiten zwischen Mächtigkeit und Gehalt den geologischen Grundvorstellungen.

Zunächst soll der Fall einer gesetzmäßigen Veränderlichkeit des Gehaltes, wenn zwischen zwei Strecken (Schnitten) eine direkte lineare Interpolation der Kennwerte möglich ist, betrachtet werden. Wenn sich im Schnitt AB (Abb. 1) zwischen zwei bergmännischen Auffahrungen A und B Gehalt und Mächtigkeit linear verändern und folglich eine lineare Interpolation möglich ist, müssen für die in diesem Schnitt dargestellte elementare Schicht bei der Berechnung des linearen Vorrats die durchschnittliche Mächtigkeit $\frac{10 + 2}{2} = 6$ m und der durchschnittliche Gehalt $\frac{80 + 20}{2} = 50\%$ eingesetzt werden. Dieser durchschnittliche Gehalt wird in Übereinstimmung mit den Interpolationsgesetzen durch die Gerade (NE) ausgedrückt.

Fehlen zufällige Veränderungen, kann der so ermittelte Wert des Durchschnittsgehaltes als tatsächlicher betrachtet werden. Wenn für diesen Fall das gewogene Mittel berechnet wird, erhält man folgendes Resultat:

$$\varnothing_{\text{gewogen}} = \frac{80 \cdot 10 + 20 \cdot 2}{10 + 2} = 70\%$$

Verdichtet man theoretisch die Auffahrungen in der Mitte der vorhandenen, können Gehalt und Mächtigkeit für jede durch einfache Interpolation ermittelt werden (Abb. 2). Der berechnete arithmetische und gewogene Durchschnitt für jede der Varianten ist in Tab. 1 zusammengestellt.

Tabelle 1

Anzahl der Messungen (Auffahrungen)	Durchschnittlicher arithmetischer Gehalt %	Durchschnittlicher gewogener Gehalt %
2	50	70
3	50	63,3
5	50	60
9	50	58,6
17	50	57,0

Mit der Vergrößerung der Anzahl der Messungen nähert sich also der gewogene Durchschnitt dem arithmetischen Durchschnitt, bei unendlich großer Anzahl sind sie gleich; denn bei der Berechnung des gewogenen Durchschnitts wird faktisch eine räumliche Ausblockung des Lagers nach der Methode der nächsten Umgebung durchgeführt, d. h., es wird ein bedingtes Modell für die Berechnung der Vorräte geschaffen.

Bei nur wenigen Auffahrungen führt die Zerlegung in prismatische Blöcke zur schroffen Entstellung der Form des Lagers. Im behandelten Beispiel wird bei der Berechnung des gewogenen Durchschnitts nach zwei Auffahrungen die Elementarschicht in zwei Blöcke zerlegt, in denen der Gehalt als unveränderlich angenommen wird (Abb. 3).

Bei dieser Art der Ausblockung werden folgende Fehler begangen:

1. Es vergrößert sich die Blockgröße, die nach A mit einer großen Mächtigkeit tendiert (um das elementare Volumen, das durch den Schnitt des Dreiecks AND dargestellt wird). Gleichzeitig wird um das elementare Volumen, das durch den Schnitt des Dreiecks BN'D dargestellt wird, die Blockgröße gesenkt, die nach B mit geringerer Mächtigkeit tendiert.

2. Der Gehalt der Linie NE für den linken Block wird auf 80% erhöht, gleichzeitig für die Linie N'E des rechten Blocks auf 20% gesenkt. Selbst wenn vorausgesetzt wird, daß die Veränderung des Gehaltes zwischen A und B nicht linear erfolgt, sondern nach einem anderen Gesetz, muß zugegeben werden, daß das Wägen des Gehalts im vorliegenden Fall zur Entstellung des durchschnittlichen Resultates führt.

Bei Vergrößerung der Auffahrungsanzahl werden die Blockausmaße verringert, und das für die Berechnung der Vorräte angenommene Modell nähert sich entsprechend der Form des realen Lagers. Dabei nähert sich auch der gewogene Durchschnitt dem Wert des arithmetischen Durchschnitts. Auch bei der Errechnung des arithmetischen Durchschnitts wird die Form des Lagers in eine einfachere Figur verwandelt (s. Abb. 1). Die dabei auftretenden Fehler sind jedoch keine systematischen Fehler. Die Ausmaße des Blocks, der nach A tendiert, werden auf die im Schnitt des Dreiecks AND dargestellte Größe verringert. Dafür vergrößert sich der Gehalt im Schnitt NE, da er gleich A gesetzt wird. Die Verringerung des Volumens wird durch Erhöhung des Gehaltes kompensiert. Im Block, der nach B tendiert, wird umgekehrt die Erhöhung des Volumens durch die Verringerung des Gehaltes kompensiert. Die Vorstellung über die Interpolation der Merkmale im Lager ist folglich unvereinbar mit der Anwendung des gewogenen Durchschnitts nach der Mächtigkeit.

Bei zufälliger Veränderlichkeit des Gehaltes erhält das Wägen mit dem einen oder anderen Parameter einen etwas anderen Sinn. Die Interpolation des Gehaltes zwischen zwei Auffahrungen ist in diesem Falle unmöglich.

Die in den einzelnen Auffahrungen festgestellten Gehalte verlieren damit ihre selbständige Bedeutung, verlieren die Verbindung mit den Punkten, in denen sie bestimmt wurden; sie können nur in der Gesamtheit betrachtet werden, als Elemente für das Ableiten des Durchschnitts. Bei gleichmäßigem Netz der Auffahrungen sind alle gleichberechtigte Glieder eines Ganzen, und keinem darf eine größere Bedeutung zugeschrieben werden, wenn das durchschnittliche Ergebnis nicht entstellt werden soll. Beim Wägen des Gehaltes mit der Mächtigkeit der Schicht in den entsprechenden Punkten der Lagerstätte wird unbegründet angenommen, daß größere Mächtigkeiten des Lagers in allen Fällen wahrscheinlicher und charakteristischer für die Lagerstätte sind als kleinere.

In Wirklichkeit sind für die Lagerstätte jedoch die durchschnittlichen Mächtigkeiten charakteristischer als die maximalen und minimalen. Bei einer genügend großen Anzahl von Auffahrungen sind trotzdem die arithmetischen Durchschnittswerte den gewogenen ähnlich, da zwischen Gehalt und Mächtigkeit in der Regel keine direkte Abhängigkeit besteht. Die verschiedenen Gewichte, gleich den entsprechenden Mächtigkeiten, die den einzelnen Werten beigegeben werden, werden jedesmal mit verschiedenen Größen des Gehaltes kombiniert, gleichen sich aus und streben im Durchschnitt für jede Gruppe ähnlicher Gehalte zu ein und derselben Zahl (der durchschnittlichen Mächtigkeit). Das Wägen mit der Mächtigkeit, ein unnötiger Arbeitsgang, führt zu keinem wesentlichen Nachteil und entstellt nur unbedeutend (im Bereich der allgemeinen Ungenauigkeit bei der Ableitung des Durchschnitts) die Resultate. Bei einer geringen Anzahl von Auffahrungen, wenn die Mächtigkeiten, die verschiedenen Gehalten entsprechen, nicht ausgeglichen werden, kann diese Entstellung wesentlich sein. Bei korrelativer Abhängigkeit zwischen Mächtigkeit und Gehalt werden diese Verbindungen völlig eindeutig, weil große Mächtigkeiten immer hohen Gehalten entsprechen oder umgekehrt. Deshalb ist bei einer korrelativen Abhängigkeit zwischen Gehalt und Mächtigkeit das Wägen nicht nur unnötig, sondern auch schädlich.

Für die Kies-Sand-Lagerstätte „Sludowska" waren die durchschnittlichen Kiesgehalte nach beiden Methoden gleich (Tab. 2).

Tabelle 2

Nr. der Auffahrung	Mächtigkeit der nutzbaren Schicht m	Kiesgehalt %	Meter-Prozent
Sch- 2	4,70	89,4	420,0
Sch- 3	7,50	81,9	614,0
Sch- 4	11,65	56,8	661,0
Sch- 9	3,80	78,7	299,0
Sch-10	1,90	50,5	96,0
Sch-12	7,95	71,7	570,0
Sch-13	10,95	56,4	618,6
Sch-14	5,80	64,6	374,7
Sch-16	11,80	69,1	815,0
Sch-17	6,30	62,6	394,0
Sch-18	5,00	88,1	440,0
Sch-19	5,20	64,9	337,0
Sch-20	11,70	66,3	775,0
Sch-21	7,40	54,2	401,0
Sch-22	6,70	66,2	444,0
Sch-23	7,10	72,2	513,0
Sch-24	3,80	75,2	286,0
Sch-25	4,85	70,5	342,0
Sch-26	7,00	62,1	434,0
Sch-27	8,75	61,4	536,0
Sch-28	6,80	65,4	445,0
Sch-29	6,10	84,8	516,0
Sch-30	6,50	61,1	397,0
Sch-31	6,60	65,4	431,0
Sch-32	11,75	84,5	994,0
Sch-33	9,90	77,9	771,0
Sch-34	13,15	73,9	975,0
Sch-35	10,10	80,7	816,0
R-1-Sch-5	12,27	69,4	850,0
Summe	223,0	2026,0	15564,3

Arithmetischer Durchschnitt = 69,8
Gewogener Durchschnitt = 69,8

In Tab. 3 wurden die Gehalte aus den Auffahrungen in einige Klassen zusammengefaßt und für jede Klasse die durchschnittliche Mächtigkeit angegeben. Die durchschnittlichen Mächtigkeiten, folglich auch die Gewichte in jeder Klasse, liegen sehr nahe beieinander, und ihr Einfluß auf die Größe des Durchschnittes ist gering.

Tabelle 3

Intervall der Gehaltsschwankungen %	Mächtigkeiten der nutzbaren Schicht m	Durchschnittsmächtigkeiten m
50–60	1,9; 7,4; 11,65; 10,95	8,0
60–70	5,8; 6,3; 5,2; 7,0 8,75; 6,5; 11,8; 11,7 6,7; 6,8; 6,6; 12,27	7,95
70–80	7,95; 7,10; 4,85; 13,15 3,8; 3,8; 9,9	7,2
80–90	7,5; 6,1; 11,75; 10,1 4,7; 5,0	7,5

In der Kies-Sand-Lagerstätte „Schtschutschje" liegen die Verhältnisse etwas anders (Tab. 4).

Tabelle 4

Intervall der Gehaltsschwankungen %	Mächtigkeiten der nutzbaren Schicht m	Durchschnittsmächtigkeiten m
10–20	8,5; 6,4	7,5
20–30	8,5; 6,7; 3,9	6,4
30–40	5,7; 4,2; 4,5; 5,0; 6,65	5,1
40–50	3,3; 3,8; 8,85; 3,0; 2,0	4,2
50–60	3,0	3,0
60–70	1,7; 1,9	1,8

Mit der Verringerung des Gehalts wachsen die Durchschnittsmächtigkeiten der nutzbaren Schicht. Bei der Errechnung des gewogenen Durchschnitts erhalten kleine Größen des Gehaltes unbegründet ein großes Gewicht, die Bedeutung hoher Werte wird gleichzeitig verringert. Im Ergebnis wird der Gesamtdurchschnitt der Lagerstätte „Schtschutschje" zu niedrig (Tab. 5).

Tabelle 5

Nr. der Abbaustellen	Mächtigkeit der nutzbaren Schicht m	Kiesgehalt %	Meter-Prozent
Skw. 38	3,30	44,0	145,0
Skw. 15	8,50	23,4	198,9
Schs-44	8,50	11,9	101,2
Skw. 42	3,80	45,1	171,4
Skw. 37	5,70	34,8	198,4
Skw. 36	6,40	16,0	102,4
Skw. 21	8,85	42,5	376,0
Schs-43	4,20	39,2	164,6
Schs-24	6,70	26,8	179,6
Schs-23	4,50	32,5	146,3
Skw. 35	3,00	53,1	159,0
Skw. 40	1,70	70,0	119,0
Skw. 56	5,00	35,8	179,0
Schs-30	3,90	24,3	94,8
Schs-48	3,00	49,4	148,2
Schs-19	1,90	63,1	120,0
Schs-47	6,65	36,9	245,4
Schs-55	2,00	45,2	90,4
Summe	87,6	694,0	2939,6

Arithmetischer Durchschnitt = 38,5
Gewogener Durchschnitt = 33,5

Die Behauptung, daß der gewogene Durchschnitt genauer ist als der arithmetische Durchschnitt, ist somit falsch. Die Genauigkeit bei der Ermittlung des

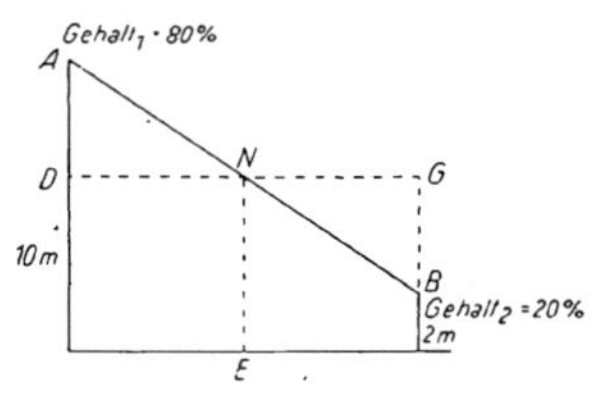

Abb. 1

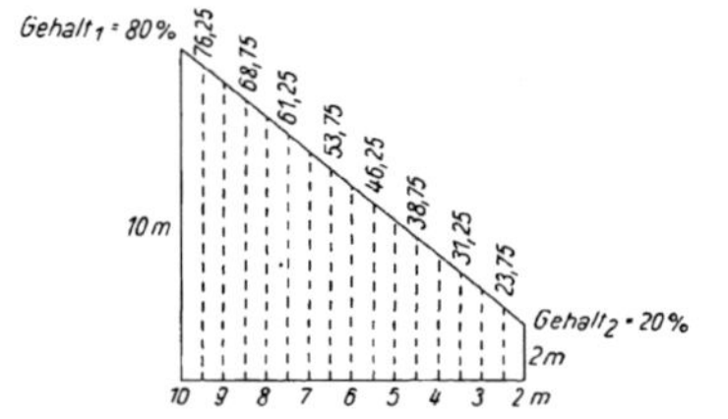

Abb. 2

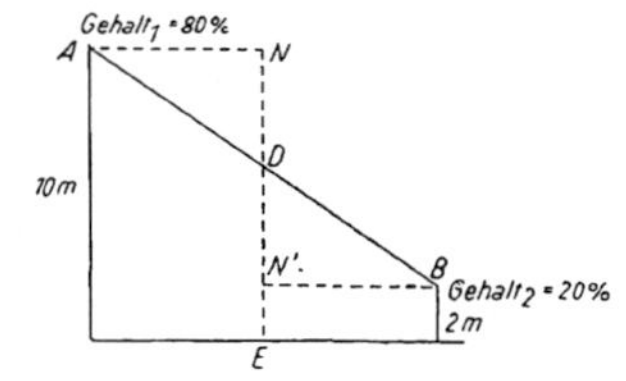

Abb. 3

Durchschnittswertes im Block hängt in erster Linie von der Anzahl der Auffahrungen ab, nach denen die Berechnung erfolgt, und nur indirekt von den Gewichten, die dem Gehalt nach diesen Auffahrungen zugeschrieben werden. In der mathematischen Statistik wird die Frage des Wägens von Beobachtungen bei kleiner Auswahl betrachtet (D. A. DLIN 1958). In einigen Fällen gestattet das Wägen eine Erhöhung der Genauigkeit des durchschnittlichen Resultats. Es führt zur Steigerung der Bedeutung (des Gewichts) ausgewählter Werte, die als wahrscheinlicher betrachtet werden können und folglich charakteristischer für die Gesamtheit sind. Ein solches Wägen stützt sich jedoch auf ganz bestimmte Vorstellungen der Methode der kleinsten Quadrate und hat nichts mit dem zufälligen Wägen des Gehaltes mit der Mächtigkeit gemein, wodurch die Genauigkeit nur verringert werden kann.

Die Methode des Wägens darf somit für die Berechnung des durchschnittlichen Gehaltes in den Blöcken (Abschnitten) der Lagerstätten nicht angewandt werden. Die einzige annehmbare Methode ist die Methode des arithmetischen Durchschnitts.

Literatur

DLIN, D. A.: Die mathematische Statistik in der Technik. — Verl. Sowjetskaja nauka, Moskau 1958.

JAKSCHIN, A.A.: Bemusterung und Berechnung der Vorräte fester nutzbarer Bodenschätze. — Gosgeoltechisdat, Moskau 1954.

WOLODOMONOW, N. W.: Über die Methoden zur Berechnung der Vorräte in Ganglagerstätten. — Gornij Journal, Nr. 3—4, 1944.

ZALATAL, L. F.: Über die Unzulänglichkeiten der Anwendung des Wägens bei der Bestimmung des Durchschnittsgehaltes. — Raswedka i ochrana nedr, Nr. 4, 1959.

Über die Vorratsberechnung einer Erdgaslagerstätte im Ca2d Westthüringens[1)]

D. DREYER, Gommern, & N. A. PLOTNIKOW, Grosny

Vorbemerkungen

Durch geologische Erkundungs- und Konturierungsarbeiten wurde im Ca2d Westthüringens u. a. eine Erdgaslagerstätte nachgewiesen, die während der Exploitation neben der Abnahme des Schichtdrucks von P_1 auf P_2 eine Randwasserinvasion zeigt. In diesem Fall können mit der herkömmlichen Druckabfall-Methode die ausbringbaren Gasvorräte nur annähernd bestimmt werden, da die Voraussetzung zur Druckabfall-Methode — während der Förderung konstant bleibendes Speichervolumen — nicht erfüllt wird; den durch die Gasentnahme bedingten Druckabfall gleicht das nachdringende Randwasser teilweise aus. Die Vorratsberechnung dieser Erdgaslagerstätte wurde nach der Volumen-Methode durchgeführt. Als Kontroll-Methode kam eine abgewandelte Druckabfall-Materialbilanz-Gleichung in Anwendung, über die im folgenden berichtet wird.

Ableitung der Formel zur Kontroll-Methode

In einer Gaslagerstätte ohne aktives Randwasser errechnen sich die ursprünglichen Erdgasvorräte Q_u (Erläuterung der verwendeten Zeichen s. am Schluß) nach der Druckabfall-Methode

$$Q_u = \frac{Q_g}{k} \tag{1}$$

Bei idealem Gas ist $k = \frac{P_1 - P_2}{P_1}$

Da jedoch einem bestimmten Schichtdruck P_1 bzw. P_2 ein bestimmter Umrechnungsfaktor A_1 bzw. A_2 für die Abweichung der Kohlenwasserstoff-Gase vom BOYLE-MARIOTTEschen Gesetz und ein bestimmter Temperaturumrechnungsfaktor f_1 bzw. f_2 entsprechen, verändert sich k wie folgt:

$$k = \frac{P_1A_1f_1 - P_2A_2f_2}{P_1A_1f_1} \tag{2}$$

Unterliegt ein Erdgaslager[2)] einem Randwassertrieb, so besteht die geförderte Gasmenge Q aus dem Gasvolumen Q_g, das infolge des Druckabfalls von P_1 auf P_2 produziert, und aus der Gasmenge Q_w, die durch das in das Lager eindringende Randwasser verdrängt wird:

$$Q = Q_w + Q_g \tag{3}$$

Bei Kenntnis der Veränderung der Lage des Gas-Wasser-Kontakts, der Speichereigenschaften zur Ermittlung des effektiven Volumens des verwässerten Lagerteils, des Schichtdrucks und der Schichttemperatur wird Q_w ermittelt:

$$Q_w = V_{por} \cdot PA\,f \tag{4}$$

Die aus einem Erdgaslager mit Randwassertrieb produzierte Gasmenge Q errechnet sich also

$$Q = V_{por} \cdot PA\,f + Q_u \cdot k \tag{5}$$

[1)] Eingang des Manuskripts in der Redaktion: 20. 3. 1963

[2)] Die Bezeichnung „Lager" wird entsprechend der von der ZVK (Z. angew. Geol., 9, 144—148, Berlin 1963) gegebenen Definition verwendet.

und nach der unbekannten Größe Q_u umgestellt

$$Q_u = \frac{Q - V_{por} \cdot PA\,f}{k} \tag{6}$$

Es ist nun zu untersuchen, welcher Schichtdruck (ob P_1 oder P_2) und welche entsprechenden Umrechnungsfaktoren zu verwenden sind. Der Vorgang, daß während der Exploitation des Lagers P_1 auf P_2 absinkt und gleichzeitig das Randwasser in das Lager eindringt, wird in zwei Etappen zerlegt. Außerdem sind noch zwei Varianten zu unterscheiden:

Variante I: In der ersten Etappe wird das Gas nur auf Grund des Druckabfalls von P_1 auf P_2 gefördert

$$Q_g = Q_u \cdot k \tag{7}$$

in der zweiten Etappe wird das Gas durch das in den Speicher eindringende Randwasser verdrängt.

$$Q_w = V_{por} \cdot P_2A_2f_2 \tag{8}$$

Variante II: In der ersten Etappe wird das Gas durch Randwasser verdrängt

$$Q'_w = V_{por} \cdot P_1A_1f_1 \tag{9}$$

in der zweiten Etappe entspricht die geförderteGasmenge dem im nun schon verringerten Speicherraum einsetzenden Druckabfall

$$Q'_g = Q_r \cdot k \tag{10}$$

wobei $Q_r = Q_u - Q'_w$ ist. (11)

Werden jetzt in die Gleichung (3) die entsprechenden Ausdrücke für Q_w und Q_g eingesetzt, ergibt sich für

Variante I: $Q = V_{por} \cdot P_2A_2f_2 + Q_u \cdot k$ (12)

und nach den gesuchten ursprünglichen Gasvorräten umgestellt

$$Q_u = \frac{Q - V_{por} \cdot P_2A_2f_2}{k} \tag{13}$$

für Variante II: $Q = Q'_w + Q_r \cdot k$ (14)

bzw. $Q = Q'_w + (Q_u - Q'_w)\,k$ (15)

und nach Q_u umgestellt

$$Q_u = \frac{Q - Q'_w + Q_wk}{k} \tag{16}$$

bzw. $$Q_u = \frac{Q - Q'_w\,(1 - k)}{k} \tag{17}$$

Für $1 - k$ kann eingesetzt werden

$$1 - k = 1 - \frac{P_1A_1f_1 - P_2A_2f_2}{P_1A_1f_1} \tag{18}$$

bzw. $$1 - k = \frac{P_2A_2f_2}{P_1A_1f_1} \tag{19}$$

Danach ergibt sich für die zweite Variante

$$Q_u = \frac{Q - V_{por} \cdot P_1A_1f_1 \left(\frac{P_2A_2f_2}{P_1A_1f_1}\right)}{k} \tag{20}$$

bzw. $$Q_u = \frac{Q - V_{por} \cdot P_2A_2f_2}{k} \tag{21}$$

Ein Vergleich der Formeln (13) und (21) zeigt, daß sie übereinstimmen und somit für beide Varianten folgender Ausdruck Gültigkeit hat:

$$Q_u = \frac{Q - V_{por} \cdot P_2A_2f_2}{k} \tag{22}$$

Nach der Gleichung (22) können die ursprünglichen Vorräte einer Erdgaslagerstätte unter Berücksichtigung des Druckabfalls von P_1 auf P_2 und der Randwasserinvasion berechnet werden. Dringt kein Randwasser in das Lager ein, ist Q_w (s. Gleichung 4) also Null und die Gleichung (22) verändert sich zu

$$Q_u = \frac{Q}{k} \tag{23}$$

Da in diesem Falle $Q = Q_g$ ist, ergibt sich

$$Q_u = \frac{Q_g}{k} \tag{24}$$

die Formel für die Druckabfall-Methode.

Die weitere Förderung des berechneten Lagers ermöglicht in absehbarer Zeit auf der Grundlage von Produktionszahlen eine Überprüfung, inwieweit Abweichungen vom Ergebnis nach der Volumen-Methode bzw. nach der Gleichung (22) aufgetreten sind. Da dieses Erdgaslager durch eine Anzahl Bohrungen erkundet sowie durch einige Sonden der Gas-Wasser-Kontakt festgestellt wurde und an den Kernproben aus dem Speicher die erforderlichen petrophysikalischen Daten gemessen worden sind, hat das Ergebnis nach der Volumen-Methode die derzeit größte Aussagesicherheit. Das Druckabfall-Verfahren war für den vorliegenden Fall abzulehnen, da das Verhältnis zwischen geförderter Gasmenge und dem gemessenen Druckabfall durch das nachdringende Randwasser und den damit verbundenen teilweisen Ausgleich des Druckabfalls gestört wurde. Setzt man die nach der Volumen-Methode errechneten Vorräte als 100 Einheiten, so ergab die hier beschriebene kombinierte Methode 106 Einheiten, die Druckabfall-Methode jedoch 165 Einheiten. Diese beachtliche Differenz von 65 Einheiten gegenüber dem Volumen-Methoden-Ergebnis ist verständlich, denn die bisher geförderte Gasmenge entspricht in Wirklichkeit einem größeren Druckabfall, als gemessen wurde. Da diesen das aktive Randwasser teilweise kompensierte, ergibt sich bei Einsatz der Druckabfall-Methode eine enorme Überbewertung des Lagers bzw. der zu erwartenden Vorräte. Das Beispiel zeigt, daß die Vorratsangaben wesentlich verfälscht sind, wenn das Regime des Lagers in der Berechnungsmethode nicht berücksichtigt wird.

Erläuterungen der verwendeten Abkürzungen

Q_u = ursprüngliche Erdgasvorräte in m^3 an der Erdoberfläche
Q = Menge des entnommenen Gases in m^3 an der Erdoberfläche
Q_g = Gasmenge, die durch Ausdehnung des Gases bei einem Druckabfall von P_1 auf P_2 gewonnen wurde, in m^3 an der Erdoberfläche
Q_w = Gasmenge, die durch das in die Lagerstätte eindringende Randwasser verdrängt wurde, in m^3 an der Erdoberfläche
Q_r = Gasmenge, die nach Entnahme von Q_w im Speicher zurückbleibt
V_{por} = Porenvolumen, das vom nachdringenden Randwasser eingenommen wurde, in m^3
P_1 = ursprünglicher Schichtdruck, in ata
P_2 = Schichtdruck am Berechnungstage, in ata
k = Verhältnis der Ausdehnung der ursprünglichen Erdgasvorräte bei einem Druckabfall von P_1 auf P_2
A_1/A_2 = Umrechnungsfaktor für die Abweichung der Kohlenwasserstoffgase vom BOYLE-MARIOTTEschen Gesetz für P_1 bzw. P_2
Dieser Faktor wird nach der empirischen Formel von STRICHOW & CHODANOWIC (1946) bestimmt, die jedoch nur dann Gültigkeit hat, wenn das Gas einen geringen Anteil an schweren Kohlenwasserstoffen hat. Sie lautet

$$A = 1 + \frac{n}{100}$$

wobei

$$n = \frac{2{,}26 \cdot P\,(m + 4e + 8p + 3c + 5{,}5s + 0{,}22a)}{1000}$$

ist. Dabei bedeuten

P = Druck, für den die Abweichung bestimmt wird
m = Prozentanteil des CH_4
e = „ „ C_2H_6
p = „ „ C_3H_8
c = „ „ CO_2
s = „ „ H_2S
a = „ der Luft
f_1/f_2 = Temperaturumrechnungsfaktor zur Berechnung der Gasmenge bei 20°C für P_1 bzw. P_2

$$f = \frac{T + t_n}{T + t_s}$$

Dabei bedeuten T = 273°
t = 20°C
t_s = Schichttemperatur, in Grad Celsius

Zusammenfassung

Zur Vorratsberechnung von Erdgaslagern mit aktivem Randwasser wurde eine Methode dargelegt, die bei Berücksichtigung der Randwasserinvasion und des Druckabfalls eine Mengenangabe der zu erwartenden Gasvorräte ermöglicht.

Резюме

Рассматривается метод подсчета запасов в газовых залежах с активной краевой водой, который с учетом проникновения краевой воды и падения давления позволяет указание ожидаемого количества газа.

Summary

A method for the reserve calculation of natural gas reservoirs with active edge water is presented. It enables to indicate the amount of gas reserves to be expected in consideration of the invasion of edge water and decrease of pressure.

Literatur

BRÜNING, K.: Zur Vorratsberechnung bei Erdgaslagerstätten. — Erdöl und Kohle, 9, S. 150—152, Hamburg 1956.
COLE, F. W.: Gas reservoir material balance can be helpful. — World Oil, S. 182, Oktober 1958.
FRASER, J. R. & A. E. CAMPBELL: Material balance equations for gas reservoirs with water drive. — World Oil, S. 63—65, Febr. 1959.
MÜLLER, K.: Druckabfall und Randwassertrieb in Erdgaslagerstätten. — Erdöl und Kohle, 13, 628—630, Hamburg 1960.
SHDANOW, M. A.: Podstschet sapasow nefti i gasa. — Gostoptechisdat, Moskau 1959.
Betriebsinterne Unterlagen über die erdölgeologische Erkundungstätigkeit in Thüringen

Erdölführung im Kambrium-Präkambrium Ostsibiriens

Zur Ölführung des Kambriums[1])

G. W. RUDAKOW, Ufa

Bis in die letzte Zeit hinein bildete die wirtschaftliche Ölführung des Kambriums eine sehr umstrittene Frage. Nicht einmal die Entdeckung großer, an das Kambrium geknüpfter Lagerstätten, wie z. B. Hassi-Messaoud in Algerien, wo die ölführenden Sandsteine unmittelbar über Gesteinen des Fundaments liegen (B. A. SOKOLOW 1962), brachten Klarheit in die Diskussion. Unter diesem Aspekt ist es von Interesse, die Frage der Ölführung des Kambriums am Beispiel der letzten Bohrergebnisse aus Ostsibirien zu behandeln.

Erste Erdölanzeichen wurden 1932 in Jakutien am Fluß Tolba entdeckt. Es handelt sich um halbflüssige Bitumina, die kavernöse unterkambrische Kalke imprägnieren. Im Jahre 1940 fand man im Tal des Flusses Tolba (Feld von Tschenkijam) flüssiges Erdöl in unterkambrischen Gesteinen. Ende 1957 wurden auf der Struktur von Parfjonowo (130 bis 140 km von Irkutsk entfernt, in der Angara—Irkutsker Syneklise) aus unterkambrischen Schichten intensive Gaszuflüsse festgestellt. Im Jahre 1960 registrierte man im Feld von Balachta wirtschaftliche Gaszuflüsse aus der unterkambrischen Ussol-Folge, und schließlich ereignete sich auf dem Feld von Biltschir im Jahre 1961 eine Gaseruption aus Gesteinen der unterkambrischen Angara-Folge.

Soweit dieser kurze geschichtliche Abriß.

Am 17. März 1962 fand beim Niederbringen der Basisbohrung Markowo, die auf 3500 m projektiert war, aus einer Teufe von 2164 m aus unterkambrischen sandig-karbonatischen Schichten eine mächtige Gas- und Öleruption mit einer Erdölschüttung von über 1000 t Öl und 500000 m^3 Gas pro Tag statt. Die Bohrung liegt im Rayon Ustj-Kut, Gebiet Irkutsk, am linken Ufer der Lena in der Nähe des Dorfes Werchne-Markowo (s. Abb.). Damit war die wirtschaftliche Ölführung des Kambriums von Ostsibirien endgültig bewiesen.

Die Struktur von Markowo wurde bereits in den Jahren 1937—1938 nachgewiesen. Es handelt sich um eine 25 bis 30 km lange submeridional streichende, schwach asymmetrische Antiklinale, die durch lokale Brachyantiklinalen und Kuppeln kompliziert wird. Offensichtlich ist der Bau der Struktur von Markowo erheblich komplizierter, als er im Augenblick erscheint.

---
[1]) Eingang des Manuskripts in der Redaktion: 19. 12. 1962. Übersetzung des Originalartikels: W. OESTREICH, Berlin

Das Öl der Bohrung Markowo mit einem geringen spezifischen Gewicht und einem ungewöhnlich hohen Stockpunkt (29 °C) deutet auf einen hohen Gehalt fester Paraffine bei normaler Temperatur hin. Dieser Umstand ist deshalb von Interesse, weil an der rechten Seite des Baikal-Grabens in präkambrischen Gesteinen bereits vor längerer Zeit zahlreiche Kohlenwasserstoffaustritte festgestellt wurden, die in Form von Paraffinbeschlägen und Ozokeritgängen (Baikalitgängen) vorliegen (s. Abb.). Diese Bildungen erinnern außerordentlich an die anorganischen Paraffineinschlüsse in kohlehaltigen Meteoriten (K. I. SZTROKAY u. a. 1961).

Derartige direkte Anzeichen der Öl- und Gasführung des Präkambriums müssen als ernsthafter Hinweis für die Ölhöffigkeit betrachtet werden (G. RUDAKOW 1962). Das ist besonders gerechtfertigt für den Fall, daß darüberliegende kambrische Schichten mit guten Speichereigenschaften tief genug versenkt werden, wobei günstige Bedingungen für die Bildung von Ölakkumulationen entstehen, und zwar im Sinne von verdeckten Lagern, wie das die Bohrung Markowo eigentlich auch bestätigt hat.

Die naturgemäß auftauchende Frage, woher die großen Mengen der für die Bildung von flüssigem Erdöl und Gas erforderlichen organischen Substanz stammen, da sich doch das Leben auf der Erde erst zu entwickeln begann, findet bislang keine gebührende Erklärung. Das ist als ein ernsthaftes Argument zugunsten der abiogenen Entstehung des Erdöls zu werten.

Vom Standpunkt der Organiker ist die Entdeckung der Öllagerstätte Markowo ein reiner Zufall. Dieser Umstand weist darauf hin, daß die Methodik der Sucharbeiten auf Öl in den randlichen Teilen der Tafeln, in der Nähe der Ausbisse präkambrischer kristalliner Gesteine, noch nicht in entsprechendem Maße ausgearbeitet worden ist. Derartige Lagerstätten folgen gewöhnlich Brüchen, wenn Überschiebungen die weitere Migration des Öls in Richtung zu den Ausbissen des Grundgebirges unterbinden. Lagerstätten dieser Art erstrecken sich gewöhnlich parallel zu den Begrenzungen der Tafeln, sie sind schmal und daher gewöhnlich schwierig zu lokalisieren (L. F. IVANHOE 1962).

Ein weiteres Unterscheidungsmerkmal, sehr charakteristisch für die im Kambrium auftretenden Lagerstätten, ist der Kluftcharakter der Speichergesteine. Das Typische dieser Klüftung besteht darin, daß sich die offenen Klüfte des Speichergesteins nach dem Anbohren der Schicht unter dem Druck der darüberliegenden Gesteine sehr schnell schließen und damit den Ölzufluß zur Bohrung zum Erliegen bringen.

Gegenwärtig werden auf dem Feld von Markowo gleichzeitig mehrere neue Bohrungen niedergebracht. Ihre Ergebnisse werden sicherlich viel neues Material liefern, das es gestattet, den Charakter der Ölführung des Kambriums sicherer zu beurteilen.

Es ist aber bereits jetzt klar, daß ebenso wie die Erdöllagerstätten, die an kambrische und präkambrische Gesteine geknüpft sind, z. B. im Staat Kansas (K. K. LANDES u. a. 1960) und in Nebraska in den USA (J. A. KORNFELD 1960), die Lagerstätte Markowo in Ostsibirien nicht nur ein Beweis für die bedeutende wirtschaftliche Ölführung dieser Schichten ist, sondern auch bestätigt, daß alle Erdöllagerstätten zum kristallinen Untergrund und zu Tiefenbrüchen tendieren.

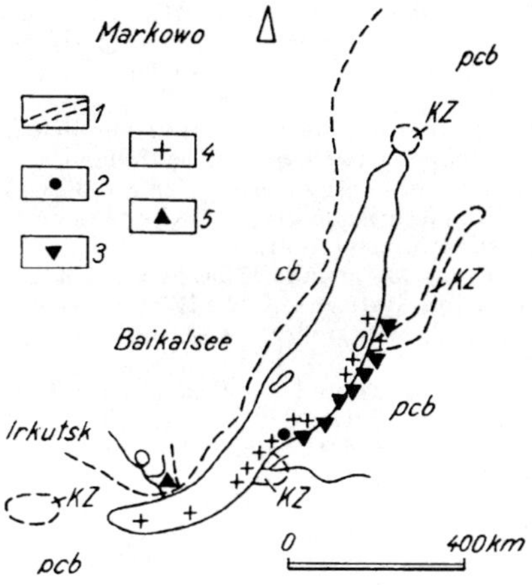

Gebiet des Baikalsees

1 — Umrisse des Ausgehenden von Präkambrium, Kambrium, Jura und Känozoikum; 2 — Öl; 3 — Ozokerit; 4 — brennbare Gase; 5 — Asphaltbitumina

Literatur

IVANHOE, L. F.: How do initial exploration data check out after a field is drilled? — Oil and Gas Journal, vol. **60**, No. 21, S. 204 (1962).

KORNFELD, J. A.: Oil discovery in cambrian and precambrian rocks in Nebraska. — World Oil, vol. **151**, Nr. 2, S. 78 (1960).

LANDES, K. K., u. a.: Petroleum resources in basement rocks. — Bull. Am. Ass. Petrol. Geol., vol. **44**, Nr. 10, S. 1682 (1960).

RUDAKOW, G.: Über einige Fragen der Bildung der Erdöllagerstätten in den Riffen. — Z. angew. Geol., **8**, 1, S. 28 (1962).

— Zur Erdölgenese. — Z. angew. Geol., **8**, 1, S. 28, Berlin 1962.

SOKOLOW, B. A.: Die Erdölführung der Schichten des Unteren Paläozoikums. — Nowosti neftjanoj i gasowoj techniki, serija geologija, No. 7, S. 55 (1962).

SZTROKAY, K. I., u. a.: Mineralogical and chemical properties of the carbonaceous meteorite from Kaba, Hungary. — Acta Geologica Hungarica, **VII**, No. 1—2, S. 57 (1961).

Die erste Erdöllagerstätte Ostsibiriens[1])

B. KORNEW & A. KUSNEZOW

Im März 1962 ereignete sich bei der Basisbohrung Markowo, Rayon Ustj-Kut, Gebiet Irkutsk, linkes Lena-Ufer, Dorf Werchnoje Markow, aus einer Teufe von 2164 Metern eine mächtige Erdöl-Erdgaseruption. Sie brachte 1000 t/Tag, davon etwa 500000 m^3 Gas. Analysenergebnis: spezifisches Gewicht des Erdöls 0,83, Siedepunkt 63 °C, Stockpunkt — 28 °C, Schwefelgehalt 0,8%, Paraffin 0,04%, helle Ölfraktionen bis zu 60%.

Ziel der Bohrung war das Studium der Stratigraphie, der lithologisch-faziellen Besonderheiten des Profils und die Klärung der möglichen Erdöl-Erdgasführung des unteren Kambriums. Die Bohrung ist im zentralen Teil der großen Antiklinale von Markowo angesetzt, die aus Ablagerungen des Ordoviciums und oberen Kambriums besteht. Amplitude: 475 Meter.

Eine von 2 bis 5° einfallende Antiklinalstruktur wurde hier erstmalig 1938 festgestellt. 1952 wurden die großen Antiklinale von Markowo von einem geologischen Trupp des Wostokneft kartiert und im Scheitel drei Brachyantiklinalen mit einer Amplitude bis zu 400 Metern ausgeschieden. 1956 stellte eine Geologengruppe unter Leitung von W. G. WASSILJEW für diesen Raum ein tektonisches Schema auf als Grundlage für die weitere Planung der Sucharbeiten auf Erdöl und Erdgas. Nach diesem Schema liegt das Feld von Markow im zentralen Teil der Baikal—Lena-Syneklise. Die eigentliche Antiklinale läßt sich über 25 km weit verfolgen. Sie ist 3—5 km breit und besteht aus Gesteinen der Ustj-Kut-Serie, die im Nordwesten in ordovicische Ablagerungen übergehen. Die Gesteine des oberen Kambriums treten vorwiegend an der Westflanke zutage. Der Scheitel der Struktur wird von der Lena geschnitten. Im Raum der Bohrung kommen neben Gesteinen des Ordoviciums und des oberen Kambriums auch quartäre Sedimente in einer Mächtigkeit von etwa 26 m vor. Das obere Kambrium ist durch den unteren Teil der Oberlena-Serie (98 m) vertreten. Die Bohrung hat diese Serie im Intervall 26 bis 118 m durchfahren. Sie besteht vorzugsweise aus Mergeln mit Gipseinschlüssen. Von 118 bis 338 Meter wurde ein Gesteinskomplex angetroffen (Gips, Anhydrite, Dolomite, Bitumenschiefer und Gips-Anhydrit-Brekzien), den man bedingt der Litwinzewsk-Serie des mittleren Kambriums zuordnete. Die Mächtigkeit beträgt 220 Meter. Das untere Kambrium begann bei 338 m. Die Schichten, die die Bohrung im Intervall 338 bis 1484 m

[1]) Aus: „Geologija nefti i gasa", Nr. 6, 1962, S. 59—60. Übers.: H. QUANDT, Schwerin; Wiedergabe auszugsweise.

durchteufte, ordnete man bedingt der Angara-Serie des unteren Kambriums zu. Sie bestehen aus Dolomiten, stellenweise bituminösen Dolomiten, Anhydriten, Gipsen, Argilliten, Kalksteinen und Steinsalz. Das angetroffene Profil der Angara-Serie unterscheidet sich etwas von analogen Ablagerungen der Irkutsker Senke. Die von 1484 bis 1651 m angefahrenen Schichten wurden der Bulaisker Serie des unteren Kambriums zugeordnet. Sie bestehen vorwiegend aus Dolomiten. Von 1651 bis 2100 m durchsank die Bohrung die Belsker Serie des unteren Kambriums. Sie baut sich aus Kalksteinen, Bitumendolomiten und Steinsalz auf.

Vermutlich hat die Bohrung von 2100 m an bis Endteufe Ablagerungen der Ussolsker Serie des unteren Kambriums durchteuft. Am Aufbau dieser Serie sind Dolomite, Steinsalz und (bei der Endteufe) Sandstein beteiligt.

Es konnte festgestellt werden, daß neben den horizontal lagernden Gesteinen auch sehr steil einfallende angetroffen wurden. Von 1484 bis 1535 m betrug der Einfallwinkel 15 bis 45°. Auch vertikal lagernde und überkippte Schichten (1119 bis 1353 m) wurden festgestellt.

Zwischen 261 bis 338 m und 513 bis 540 m treten brekziöse, stark beanspruchte Gesteine auf. Die Mächtigkeit der Angara-Serie erwies sich als weit größer, als im Projekt angenommen war.

Im Profil der Angara- und der Belsker Serie traf man auf mächtige (bis 40 m) Steinsalzflöze, die wahrscheinlich die Lagerungsverhältnisse des unmittelbar dem Salinar auflagernden karbonatischen Gesteinskomplexes beeinflußten.

Die Ussolsker Serie des unteren Kambriums wurde im Irkutsker Raum von fast allen Schürfbohrungen angefahren. Ihre Mächtigkeit bewegt sich zwischen 270 bis 1505 m. Im zentralen Teil der Irkutsker Senke besteht sie aus einem Wechsel von Steinsalzflözen und sulfatisch-karbonatischen Gesteinen. In Nähe des gefalteten Tafelrandes sind die Salzgesteine (das Salinar) fast ganz von sulfat-karbonatischen Gesteinen vertreten. Dieser Gesteinskomplex wurde im unteren Teil der Ussolsker Serie als Ossinsker Horizont mit einer Mächtigkeit von 30 bis 60 m ausgeschieden. Der Ossinsker Horizont liegt 120 bis 150 m über der Sohle der Ussolsker Serie und konnte auf allen Erkundungsbohrungen im Irkutsker Raum gut verfolgt werden. Die Porosität der Gesteine dieses Horizonts beträgt, nach Messungen aus benachbarten Schürfen, 0,5 bis 2,3%; die Durchlässigkeit: bis 4400 md. Die Erdölanzeichen tragen im Ossinsker Horizont regionalen Charakter. Geringe Erdölzuflüsse (bis 3—5 t pro Tag) und Gaszuflüsse (bis 17000 m³/Tag) erzielte man auf einer Reihe von Bohrfeldern bereits früher aus dem Ossinsker Horizont (Balychtinsker, Atowsker Feld u. a.). Die mächtige Erdöl-Erdgaseruption der Bohrung Markow kam aus dem oberen Teil der Ussolsker Serie (unteres Kambrium). Die Speichereigenschaften dieser Ablagerungen verbessern sich nach Norden hin schroff, was die Akkumulation industrieller Erdölmengen in diesem Raum besonders begünstigte.

Die mächtige Erdöl-Erdgasfontäne aus der Basisbohrung Markowo, die regionale Erdöl-Erdgasführung der Ussolsker Serie und anderer Ablagerungen (bis einschließlich der sinischen), das Vorhandensein einer großen Anzahl von Antiklinalstrukturen in diesem Gebiet, die durch geologische Strukturaufnahmen fixiert werden konnten und bei aerogeologischen Aufnahmen leicht zu erkennen sind, das alles spricht von den großen Perspektiven dieser neuen erdöl-/erdgasführenden Provinz. Auf diesem Territorium sind eine Reihe von Erkundungsbohrungen geplant. Mit den Nachfolgebohrungen für Markowo wurde bereits begonnen, um den angetroffenen Erdölhorizont zu erkunden und eventuell neue Lager festzustellen.

Jerofejew, N. S.

Das Problem der unterirdischen Gasspeicherung in der UdSSR[1]

Referiert von Hans-Jürgen Kamps, z. Z. Moskau

Der Autor geht von dem unregelmäßigen Gasverbrauch großer Industriegebiete und großer Städte aus. Zur Überbrückung ungleicher Verbrauchsmengen dienen vor allem unterirdische Gasspeicher. Am billigsten ist hierbei die Ausnutzung ausgebeuteter Erdöl- und Erdgaslagerstätten. Doch 75% aller größeren Industriegebiete in der UdSSR befinden sich weit entfernt von Erdöl- und Erdgaslagerstätten.

Die Rentabilität unterirdischer Gasspeicherung hängt von vielen verschiedenen Faktoren ab. Die wichtigsten sind:

1. Grad der Unregelmäßigkeit im Gasverbrauch;
2. Fördermenge und Länge der Magistralgasleitungen;
3. Entfernung der Gasspeicher vom Verbraucherort und der Magistralleitung;
4. geologische und fördertechnische Besonderheiten der Schicht, die zur Speicherung erkundet und vorbereitet wird.

Im weiteren behandelt der Autor „Ökonomische Kriterien, die die Parameter unterirdischer Gasspeicher bestimmen".

Die größten Saisonschwankungen im Gasverbrauch verursachen kommunale Abnehmer in den Großstädten. Eine Tabelle zeigt vergleichsweise für Moskau, Kiew und die USA Koeffizienten der Unregelmäßigkeit im Gasverbrauch in einzelnen Monaten. Für Moskau galten folgende Extremwerte (minimal bzw. maximal)[2]:

	Juli 1960	Dezember 1960
	0,73	1,33
für Kiew	Juli 1959	Dezember 1959
	0,83	1,31

Die Projektwerte für Moskau und Kiew betragen 0,69 bzw. 0,74 (Juli) und 1,36 bzw. 1,33 (Dezember).

Die Volumen der Gasspeicher, die notwendig werden für eine Überbrückung von Ungleichmäßigkeiten im Gasverbrauch, können nach folgenden Formeln errechnet werden:

$$V = \frac{\Sigma k > 1 - n > 1}{12} 100 \qquad (I)$$

oder

$$V = \frac{n < 1 - \Sigma k < 1}{12} 100 \qquad (II)$$

wobei V — notwendiges effektives Fassungsvermögen der Speicher (in % vom Jahresverbrauch an Gas)

$k > 1$ — Ungleichmäßigkeitskoeffizient > 1
$n > 1$ — Anzahl der Koeffizienten > 1
$k < 1$ und $n < 1$ — entsprechende Koeffizienten < 1

[1]) Aus: Erkundung unterirdischer Gasspeicher in der UdSSR. Arbeiten der SGPK (Glawgas der UdSSR), Gostoptechisdat, S. 3—15, Moskau 1962.

[2]) Der Koeffizient ist das Verhältnis des Gasverbrauchs in einem Monat zum Jahresmittel für einen Monat.

Somit errechnete notwendige Speichervolumen (in % des Jahresverbrauchs an Gas) betrugen für Moskau laut Projekt 11,0[3]); für Kiew 10,1; für die USA (1958) 10,2.

Technisch-ökonomische Berechnungen zeigten, daß es einen Optimalwert der Ungleichmäßigkeit im Gasverbrauch gibt, bei dem die Selbstkosten der Gasspeicheranlage minimal sind. Für die analysierten Fälle lag der Optimalwert bei 1,35—1,40. Dieser Koeffizient entspricht den maximalen Saisonschwankungen. Die Bedingungen zur Überbrückung noch stärkerer Schwankungen würden die Gasspeicherung bedeutend verteuern. Die Selbstkosten zusätzlicher Gasspeicherung, die Ungleichmäßigkeiten mit einem Koeffizienten von 1,5 überbrücken würden, stiegen um das 1,8fache, bei einem Koeffizienten von 1,6 um das 4,6fache.

Im Ergebnis einer technisch-ökonomischen Analyse werden für die Projektierung und den Bau von Gasspeichern folgende Parameter vorgeschlagen:

a) Notwendiges effektives Speichervolumen entspricht 10% vom Jahresverbrauch großer Industriegebiete oder Großstädte;

b) Förderleistung der Speicher beträgt 35—40% des Tagesmittelverbrauchs während eines Jahres.

An einem Beispiel wird nachgewiesen, daß für einen Koeffizienten der Ungleichmäßigkeit von 1,6 eine Fördermenge von Gas erreicht werden muß, die eine Erweiterung der fördertechnischen Anlagen um das 1,5fache erfordert. Hiermit erklärt sich auch die Steigerung der Kosten beim Überbrücken kurzzeitiger „Spitzen" durch unterirdische Gasspeicher.

Analysen der Effektivität unterirdischer Gasspeicher in der Abhängigkeit von Förderleistung und Länge der Magistralleitung ermöglichten folgende Schlußfolgerung:

1. Die Effektivität im Gebrauch unterirdischer Gasspeicher erhöht sich mit ansteigender Leistung und besonders mit zunehmender Länge der Magistralleitung.
2. Für die meisten Fälle bei einer Gasleitungslänge bis 200 km ist es zweckmäßig, Förderreserven und zusätzliche Transportmöglichkeiten zu schaffen; für Gasleitungen mit größerer Länge jedoch ist es nötig, Möglichkeiten zur Anlage unterirdischer Gasspeicher zu suchen.
3. Bei der Verwendung von Gasleitungen größerer Länge überschreiten die Mittel, die durch unterirdische Gasspeicher eingespart werden, um ein vielfaches die Ausgaben für den Bau eines Speichers.

Bei einer Gasleitung von 1000 km Länge und einer Förderleistung von 10 Mill. m^3/Tag überschreiten die eingesparten Mittel um das 10fache die Ausgaben für die Errichtung eines unterirdischen Gasspeichers. Die hohe Effektivität wird selbst dann erhalten, wenn der Gasspeicher in einer Entfernung bis zu 200 km vom Verbraucherort liegt (bei einer Gasleitungslänge von 1000 km und einer Förderleistung von 5 Mill. m^3/Tag).

Dann geht der Autor auf „Geologische Bedingungen und die Arbeitsmethodik bei der Suche und Erkundung unterirdischer Gasspeicher" ein. Die Erkundungsarbeiten werden für unterschiedliche geologische Bedingungen durchgeführt. Sie sind auf die Erkundung geeigneter positiver Strukturen und gut permeabler wasserführender Schichten mit ausreichend mächtigen Tonschichten im Hangenden ausgerichtet.

Die Such- und Erkundungsarbeiten werden in folgender Reihenfolge durchgeführt:

1. Studium allgemeiner geologischer Unterlagen des Gebiets mit bedeutendem Gasverbrauch, Suche von Strukturen durch Seismik und Profilbohrungen von geringer Tiefe;
2. Überprüfung und Erkundung einer bestimmten Struktur durch Niederbringen eines Netzes von Erkundungsbohrungen geringer Tiefe;
3. Studium des generellen Bohrlochprofils, Auswahl einer bestimmten wasserführenden Schicht und deren Erkundung mit Hilfe von Erkundungsbohrungen und Spezialtesten;
4. versuchsweises Einpumpen von Gas.

Jedoch die herkömmlichen Bohrmethoden wurden hierbei zu neuen Methoden abgewandelt. Sie beruhen darauf, daß ein ganzes System von Sonden gleichzeitig getestet wird. Einer zentralen Sonde wird Schichtwasser entnommen, in den umliegenden Beobachtungssonden werden die Schichtdruckveränderungen gemessen. Diese Methode heißt „Hydroerkundung". Mit Hilfe dieser Methode können das Regime der wasserführenden Schicht, der Grad der Verbundenheit einzelner Abschnitte, die hermetische Geschlossenheit der abdeckenden Schicht, die ermittelten Hauptparameter der Schicht (Permeabilität und Piezoleitfähigkeit) bestimmt werden.

Die bei Rjasan angewandte Methode des probeweisen Einpumpens von Luft ist vor allem für mächtige Schichten wertvoll, da hier die obengenannte Methode der Wasserentnahme aus einer zentralen Sonde nur geringe, kaum meßbare Druckveränderungen in den Beobachtungssonden hervorruft.

Im weiteren schreibt der Autor „Über hydrogasdynamische Grundlagen zur Anlage unterirdischer Gasspeicher in wasserführenden Schichten"; zuletzt behandelt er „Grundlegende Resultate der Erkundungsarbeiten und des versuchsweisen Eindrückens von Gas bzw. Luft". Solche Arbeiten wurden ausgeführt bei Kaluga, Stscholkowo (Moskau), Rjasan, Kiew, Leningrad, Brjansk, Gorki, Swerdlowsk, Taschkent.

a) Die Kalugaer Anlage ist ein Aquiferspeicher in einer Teufe von 800 bis 930 m, die Schichtmächtigkeit beträgt 10—12 m, der Porositätskoeffizient 22%, die Permeabilität 0,5—2,1 d, der Schichtdruck im Topbereich der Struktur 82 at. Das Hangende wird von einer 100 m mächtigen Tonschicht gebildet.

1959 wurden im Verlaufe von drei Monaten 23 Mill. m^3 Gas in den Speicher eingepumpt. Das Eindrücken erfolgte durch 2—4 Sonden bei einem Druck von 103 at. Das Eindrücken bewies eine gute (bis zu 500000 m^3/Tag) Aufnahmefähigkeit.

1960 wurde erneut Gas eingedrückt (unter einem Druck von 100 bis 102 at, maximale Menge 620000 m^3/Tag). Insgesamt betrug die Menge des eingedrückten Gases 80 Mill. m^3. Zur besseren Ausbreitung des Gases wurde die Schicht entlastet, indem man insgesamt 176000 m^3 Wasser aus umliegenden Sonden auslaufen ließ. Vorerst erhielt man 3 Mill. m^3 Gas aus dem Speicher.

b) Bei Leningrad dient eine äußerst flach einfallende Struktur als Speicher. Die Schicht hat eine Mächtigkeit von 10 bis 15 m, eine Porosität von 20 bis 25%; Permeabilität (mittlere) 1,3 d und liegt in einer Teufe von 395 bis 420 m. Der Schichtdruck im tiefen Teil der Schicht beträgt 36 at.

Insgesamt wurden 3,26 Mill. m^3 Luft unter einem Druck von 40 bis 40,5 at eingedrückt (täglich im Mittel 80000 m^3). Zurückerhalten wurden aus dem Speicher 1,423 Mill. m^3 Luft (44%), davon trocken 917000 m^3 (29%).

[3]) Mittelwerte aus den Ergebnissen entsprechend (I) und (II)

Schwierigkeiten traten durch die sehr ungleichmäßige Fortbewegung der Luft in der Schicht auf. Bei einem mittleren Verdrängungsradius von 300 m wurden einzelne „Zungen" von 1000 m beobachtet. Man rechnet jedoch mit einem gewissen Ausgleich beim Eindrücken von größeren Mengen.

c) In Stscholkowo bei Moskau wurde eine Struktur erkundet, deren Ausmaße 35 km² und deren Amplitude 40 m betragen. Ausgewählt wurde eine Sandschicht in einer Teufe von 880 bis 910 m, ihre Mächtigkeit ist 9—14 m, die Permeabilität 0,3—2,5 d, die Porosität 20%, der Schichtdruck 92 at. Das Gesamtaufnahmevermögen bei Schichtdruck beträgt 1,5 Mrd. m³.

Auf dieser Struktur wurden insgesamt 19 Bohrungen niedergebracht, von denen fünf zur Injektion eingerichtet wurden. 10 weitere dienen als Beobachtungssonden.

d) Bei Rjasan wird eine große Struktur als Gasspeicher ausgerüstet. Infolge geringer Teufe der Speicherschicht (130—190 m) und eines Schichtdrucks von nur 11,5 at kann das Gas ohne Kompressorenstationen direkt aus der Magistralleitung in den Speicher eingedrückt werden.

e) Bei Kuibyschew, Orenburg und Saratow wurden als Gasspeicher ausgebeutete Erdöl- und Erdgaslagerstätten ausgenutzt.

Der Autor zieht abschließend auch die Ausnutzung ausgebeuteter Lagerstätten zur Aufnahme des Gasüberschusses in Erwägung, der bei der Förderung von Erdöl anfällt.

Suche und Erkundung von Lagerstätten mineralischer Rohstoffe[1]

(Bemerkungen zur Diskussion um den Aufsatz von W. M. KREJTER — Aufgaben und Bedeutung der Lehre vom Aufsuchen und Erkunden von Lagerstätten mineralischer Rohstoffe)

HANS HETZER, Berlin

Mit diesem Beitrag beschließt die Redaktion die Diskussion über den o. a. Beitrag von KREJTER und dankt allen Diskussionsteilnehmern für die in ihren Beiträgen übermittelten Anregungen und Hinweise.

Im Beschluß des VI. Parteitages der SED über die Aufgaben in der Industrie, im Bauwesen sowie im Nachrichten- und Transportwesen sind die Hauptaufgaben formuliert, die auf dem Gebiete der Geologie zur Entwicklung der führenden Zweige der Volkswirtschaft zu lösen sind. Diese Hauptaufgaben bestimmen mit den Inhalt unserer zukünftigen Entwicklung, die durch den endgültigen und unwiderruflichen Sieg der sozialistischen Produktionsverhältnisse in der Deutschen Demokratischen Republik gekennzeichnet ist. Ziel dieser Entwicklung ist der umfassende Aufbau des Sozialismus in der DDR auf der Grundlage der konsequenten Anwendung der ökonomischen Gesetze des Sozialismus und der stetigen Steigerung der Produktion auf der Basis des wissenschaftlich-technischen Höchststandes.

Diese Entwicklung geht an keinem Bereich von Forschung und Praxis ohne spürbare Einwirkungen und Veränderungen vorüber, sie fordert gebieterisch das Erreichen immer höherer Qualitäten auf allen Gebieten. Sie bestimmt letztlich auch die Diskussionen um das Wesen und die Bedeutung der „Geologischen Erkundung"[2]), die in der Sowjetunion seit mehr als zehn Jahren geführt werden. Auch in der DDR gibt es bereits seit Jahren ernsthafte Bestrebungen, Klarheit in das Zusammenwirken von Geologie, Technik und Ökonomie im Komplex der „Geologischen Erkundung" zu bringen. Ihren äußeren Niederschlag fanden sie darin, daß an einigen geologischen Instituten der Hochschulen, teilweise leider nur vorübergehend, Vorlesungen über die Technik der geologischen Erkundungsarbeiten, über Bemusterung, über Vorratsberechnungen u. a. aufgenommen wurden.

Der Beitrag von W. M. KREJTER hat neue Aspekte in diese Diskussion gebracht, mit Zielstellungen, wie sie bisher noch nicht oder nur am Rande erörtert wurden, ohne daraus jedoch die Konsequenzen, die W. M. KREJTER zog, abzuleiten. Seine Gedanken lassen sich kurz in der Forderung zusammenfassen, die „Lehre vom Aufsuchen und Erkunden von Lagerstätten" als selbständige Wissenschaft zu behandeln, die sich durch ihre geologisch-ökonomische Richtung von der physiko-chemisch orientierten Lagerstättenlehre unterscheidet. Als wesentlich erachtet es W. M. KREJTER dabei, daß sich diese Lehre auf das Finden allgemeiner Wege der Suche und Erkundung von Lagerstätten sowie den komplexen Charakter der Arbeiten konzentriert und nicht auf die einzelnen mineralischen Rohstoffe. Seine Schlußfolgerungen, daß die Lehre vom Aufsuchen und Erkunden von Lagerstätten als selbständige Wissenschaft zum „geologischen Zyklus" gehört, ist m. E. so aufzufassen, daß diese Wissenschaft, wie Paläontologie, Lagerstättenlehre usw., ein Teilgebiet des Großbegriffs „Geologie" umfaßt, was sich auch zwangsläufig aus seinen Darlegungen ergibt.

Die Stellungsnahmen, die von den verschiedensten Seiten zu W. M. KREJTERs Beitrag kamen, bringen sehr unterschiedliche Meinungen zum Ausdruck. Sie gehen von der bedingungslosen Anerkennung der Folgerungen W. M. KREJTERs bis zur eindeutigen Ablehnung. Der Versuch einer Zusammenfassung der Diskussion müßte daher von vornherein scheitern, da er nur über eine Wiedergabe der einzelnen dargelegten Meinungen möglich wäre, ein unnötiges Unterfangen, da die einzelnen Stellungnahmen leicht zugänglich sind.

Alle Diskussionsbeiträge stimmen jedoch einheitlich darin überein, daß der Lehre vom Aufsuchen und Er-

[1]) Eingang des Manuskripts in der Redaktion: 19. 4. 63.
[2]) In diesem Beitrag verstanden als Komplex aller Arbeiten, die zum Nachweis von Vorräten mineralischer Rohstoffe notwendig sind.

kunden von Lagerstätten mineralischer Rohstoffe auch in der DDR eine verstärkte Geltung verschafft werden muß und daß die Notwendigkeit besteht, die dazugehörigen wissenschaftlichen Grundlagen zu schaffen. Damit besteht bereits Klarheit über die Lösung dieser Aufgabe, die bestimmt ist durch das heute und in Zukunft erforderliche Profil des Geologen in Forschung und Praxis. Die Beantwortung der Frage, ob die für die Arbeit des Geologen notwendigen Grundlagen über eine selbständige neue Wissenschaft oder über das Zusammenwirken mehrerer, bereits vorhandener Wissenschaften geschaffen werden müssen, muß ausgehen von der gegenwärtigen und zukünftigen Aufgabenstellung der Geologie. Dabei lassen sich im Rahmen der großen Aufgabe, die nationalen Reichtümer der DDR in Form von Bodenschätzen für die Entwicklung der sozialistischen Wirtschaft nutzbar zu machen, verschiedene Teilaufgaben unterscheiden, die von TISCHENDORF u. a. (1962) als Untersuchungsstadien formuliert wurden. Sie sind engstens miteinander verbunden und dienen dem gleichen Ziel, bedingen jedoch unterschiedliche Grundlagen.

Die Suche nach Lagerstätten muß aufbauen auf den Ergebnissen einer regionalen geophysikalisch-geologischen Untersuchung des Territoriums der DDR. Dabei müssen in der DDR, in der die geologischen Verhältnisse an der Erdoberfläche bereits sehr weitgehend bekannt sind und daher die Erforschung des tieferen Untergrundes im Vordergrund steht, zweifellos „intensivere" Untersuchungsverfahren angewandt werden als in einem Land, in dem die geologischen Verhältnisse an der Erdoberfläche noch nicht oder nur ungenügend bekannt sind. Der Komplex dieser Arbeiten wird in den entsprechenden Anweisungen und Richtlinien der Staatlichen Geologischen Kommission und auch bei TISCHENDORF u. a. (1962) als Kartierung bezeichnet, da das Hauptziel dieser Arbeiten die ständige Erweiterung unserer Kenntnisse, ausgedrückt durch geologische Karten verschiedenster Art (geologische Karten der Oberfläche, abgedeckte Karten, lithologisch-fazielle Karten, minerogenetische Karten, Prognosekarten usw.) für das Territorium der DDR oder einzelne Teilgebiete, ist. Aufgabe der Kartierung ist es, alle vorhandenen Aufschlüsse zu erfassen und auszuwerten; die z. B. in der Tiefenkartierung notwendigen Kartierungsbohrungen sind nur Hilfsmittel, um die gestellten Ziele in solchen Gebieten zu erreichen, in denen nicht genügend Aufschlüsse vorhanden sind.

Die Ergebnisse der Kartierung müssen ständig in Prognosekarten sowie prognostischen Vorratsberechnungen und Einschätzungen zusammenlaufen, die die Grundlage bilden für die Entwicklung von Sucharbeiten, deren Hauptziel der Nachweis von Lagerstätten und von Vorräten mineralischer Rohstoffe (sowohl prognostischer Vorräte der Untergruppe delta 1 als auch C_2-Vorräte) ist. Hauptziel der anschließenden Untersuchungsstadien in solchen Räumen, in denen durch die Ergebnisse der Sucharbeiten (und teilweise bereits der Kartierung) Lagerstätten nachgewiesen wurden, ist die umfassende Untersuchung dieser Lagerstätten und der Nachweis von Lagerstättenvorräten (im Sinne der Definitionen der Zentralen Vorratskommission).

Dabei wird noch unterschieden zwischen Vorerkundung, die fast ausschließlich mit Bohrungen durchzuführen ist, und Erkundung, die bei vielen Rohstoffarten die breite Anwendung bergmännischer Arbeiten erfordert. Diese Trennung in zwei Stadien ist notwendig, um vor der Aufnahme der kostenintensiven Erkundung (enger Bohrlochabstand, bergmännische Arbeiten u. a.) eingehende Untersuchungen und Entscheidungen über die volkswirtschaftliche Notwendigkeit und Berechtigung dieser Arbeiten durchführen zu können.

Die einzelnen Arbeitsetappen oder Untersuchungsverfahren sind durch unterschiedliche Arbeitsverfahren und -methoden charakterisiert, die durch TISCHENDORF u. a. (1962) ausführlich erläutert wurden. Der Einwand von STAMMBERGER (1962) ist berechtigt, geologische Karten werden in jedem Stadium angefertigt, sie bilden die Grundlage für jede Vorratsberechnung. Im Gesamtkomplex der durchgeführten Arbeiten in den einzelnen Untersuchungsstadien nimmt jedoch der verhältnismäßige Anteil der geologischen Karten zu den hohen Untersuchungsstadien (Erkundung) hin ab, da die technischen (im weitesten Sinne, einschließlich Nebenarbeiten und Vorratsberechnung) und ökonomischen Teile immer stärker hervortreten. Da außerdem die regionale geologisch-geophysikalische Erfassung eines Territoriums allgemein als geologische Kartierung bezeichnet wird, ist die Bezeichnung „Kartierung" für das erste Untersuchungsstadium berechtigt.

So, wie mit fortschreitenden Untersuchungsstadien die technische Seite der Arbeiten ständig zunimmt, erreicht auch die ökonomische Bewertung immer höhere Formen. Während für Kartierungs- und Sucharbeiten, bezogen auf die Flächeneinheit, geringe Mittel aufgewendet werden, steigen diese bei der Vorerkundung und Erkundung sprunghaft an. Das Verhältnis zwischen Aufwand und Ergebnis muß ständig kritischer betrachtet werden. Bei Kartierungsarbeiten und Sucharbeiten wird die Einschätzung von Lagerstätten auf der Grundlage von Richtwerten meist in Analogie zu bekannten Lagerstätten durchgeführt, für die Einschätzung von Lagerstätten im Ergebnis von Vorerkundungs- und Erkundungsarbeiten sind die Erarbeitung und Bestätigung von Erkundungs- bzw. Industriekonditionen erforderlich.

Sowohl bei der praktischen Durchführung der geologischen Untersuchungsarbeiten (Kartierung, Sucharbeiten, Vorerkundung und Erkundung) als auch bei dem Bemühen, Klarheit in den Grundbegriffen (Erkundungsmethodik, Kondition u. a.) zu schaffen und Wege zu ihrer generellen Behandlung zu finden, bilden sich ständig enger werdende Beziehungen zwischen Geologie, Technik und Ökonomie heraus. Sie ergeben sich objektiv aus den ökonomischen Gesetzen der Übereinstimmung der Produktionsverhältnisse mit dem Stand der Entwicklung der Produktivkräfte. Rein äußerlich fanden diese Beziehungen in der DDR ihren Niederschlag in der Bildung der volkseigenen Erkundungsbetriebe (VEB Geologische Erkundung) im Jahre 1961, da die bisherigen Organisationsformen der geologischen Erkundung in Widerspruch zur Entwicklung unserer Produktivkräfte gerieten.

Die Anforderungen, die bei dieser Entwicklung an den Geologen gestellt werden, nehmen ständig zu. Im gleichen Maße entwickelt sich aber die Notwendigkeit, andere Bereiche der Wissenschaft in die Vorbereitung und Durchführung geologischer Untersuchungsarbeiten einzubeziehen. Zur Forschung und Praxis der „Geologischen Erkundung“ im weitesten Sinne gehört heute nicht mehr nur die Geologie mit ihren Teilgebieten, die Lösung der Aufgaben auf diesem Gebiete erfordert die Einbeziehung technischer Wissenschaften (Tiefbohrtechnik, Bergbautechnik, Aufbereitung u. a.) sowie die Behandlung ökonomischer Probleme (ökonomische Bewertung der geologischen Untersuchungsarbeiten, Erkundungsmethodik, Bewertung von Lagerstätten usw.) und nicht zuletzt die verstärkte Anwendung mathematischer Verfahren, sowohl bei der Lösung ökonomischer Probleme als auch z. B. bei erkundungsmethodischen Fragen, bei der Auswertung geophysikalischer und geologischer Ergebnisse und bei der Durchführung von Vorratsberechnungen. Von allen diesen Wissenschaften sind daher Beiträge zu leisten zum Komplex der „Suche und Erkundung von Lagerstätten“. Dabei liegt jedoch das Schwergewicht darauf, daß diese Wissenschaften aus ihrem eigenen Komplex heraus zur Lösung der Aufgaben der „Geologischen Erkundung“ beitragen. Das führt zwangsläufig zu der Forderung, daß der „Angewandten Geologie“ in Lehre und Forschung, wie es auch Hohl (1963) vorschlägt, die ihr zukommende Bedeutung eingeräumt wird. Angewandte Geologie, das ist die praktische Anwendung der Forschungsergebnisse der geologischen Wissenschaften auf die Suche und Erkundung nutzbarer Lagerstätten. Dabei ergibt sich, entsprechend dem Obendargelegten, objektiv die Notwendigkeit, die Forschungsergebnisse anderer Wissenschaften ebenfalls anzuwenden, da allein die Geologie beim Aufsuchen und Erkunden von Lagerstätten nicht mehr genügt.

Die Entwicklung der „Lehre vom Aufsuchen und Erkunden von Lagerstätten“ zu einer eigenen Wissenschaft erweist sich daher in der DDR zumindest zum gegenwärtigen Zeitpunkt nicht als notwendig, das Schwergewicht der Entwicklung bei uns muß vielmehr darauf liegen, die „Angewandte Geologie“ in dem genannten Sinne durchzusetzen und sie in enge Beziehungen zu anderen Zweigen der Wissenschaft zu bringen.

Eine eigene Wissenschaft „Lehre vom Aufsuchen und Erkunden von Lagerstätten“ müßte künstlich als Konglomerat von Teilgebieten verschiedener Wissenschaften konstruiert werden, wobei diese Teilgebiete, aus dem Komplex herausgelöst, zumeist keine eigenständige Existenzmöglichkeit hätten. Die Argumente, die Stolle in seinem Diskussionsbeitrag gegen die Trennung der geologisch-ökonomischen von der physiko-chemischen Lagerstättenlehre vorbringt, können nur unterstrichen werden, an der „Möglichkeit der Prognose“ wird die Unsicherheit der von Krejter geforderten Wissenschaft am deutlichsten. Die Voraussage von Vorräten, also die Erarbeitung von Prognosekarten und prognostischen Vorratsberechnungen, erfordert die möglichst umfassende Klärung genetischer Fragen, sowohl geologischer als auch physiko-chemischer Natur, und die Beachtung ökonomischer Fragen. Durch die Trennung in zwei Wissenschaften mit physiko-chemischer bzw. geologisch-ökonomischer Orientierung würden die Möglichkeiten der Prognose in der letzteren sogar eingeschränkt, wenn nicht teilweise sogar unmöglich.

Auch die „Ökonomie der geologischen Erkundung“ kann sich nicht als solche entwickeln, sondern nur in Form der Anwendung ökonomischer Methoden und der Forschungsergebnisse auf die Probleme der Geologie, die Suche und Erkundung von Lagerstätten und die dabei wieder angewandten geologischen und technischen Methoden. Die Ökonomie der geologischen Erkundung kann nicht Teilgebiet der „Lehre vom Aufsuchen und Erkunden von Lagerstätten“, sondern nur Teilgebiet der Ökonomie sein.

Noch klarer erkennbar werden die wechselseitigen Beziehungen zwischen geologischer Wissenschaft und der „geologischen Erkundung“, d. h. der Anwendung der wissenschaftlichen Forschungsergebnisse in der Praxis, wenn wir den Komplex der geologischen Erkundung der Produktion gleichsetzen. Dann fügen sich die Diskussionen um die Lehre vom Aufsuchen und Erkunden von Lagerstätten zwanglos in die große Diskussion über das Thema „Produktivkraft Wissenschaft“ ein. Die durch die technologische Anwendung der Wissenschaften hervorgerufene grundlegende Wandlung des Charakters der Produktion (Klotz & Rum 1963) zeichnet sich eindeutig auch in der geologischen Erkundung ab, die Wandlung des Charakters der geologischen Erkundung fordert aber andererseits auch eine Änderung des Charakters der geologischen Wissenschaften, eine Differenzierung in Grundlagenforschung, Forschung mit erkennbarer volkswirtschaftlicher Perspektive und angewandte Forschung.

Dabei steht nicht die Entwicklung neuer Wissenschaften, sondern die Schaffung immer engerer Beziehungen zwischen den Teilgebieten der Geologie und von der Geologie zu anderen Disziplinen im Vordergrund. Diese Entwicklung läuft nicht von selbst und ohne Schwierigkeiten ab, die notwendigen Voraussetzungen müssen in enger Zusammenarbeit zwischen den wissenschaftlichen Instituten und den Organen der geologischen Erkundung geschaffen werden. Dabei sind einmal die geologischen Institute an den Hochschulen so zu erweitern, daß dort im notwendigen Maße auch Aufgaben der Angewandten Geologie (in obenerläutertem Sinne) bearbeitet werden können — Aufgaben, die jetzt mehr oder weniger vollständig fast nur in den Erkundungsorganisationen und ihren Instituten behandelt werden. Andererseits müssen die Lehrpläne so erweitert werden, daß der Studierende im Laufe seiner Ausbildung engstens mit allen Fragen der Angewandten Geologie vertraut und befähigt wird, alle ihm später beim Einsatz in der geologischen Erkundung übertragenen Aufgaben sicher zu lösen. Dabei kann diesen Lehrplänen kein starres, für alle geologischen Institute der Republik gültiges Schema zugrunde gelegt werden, die Belange der Praxis, der geologischen Kartierung und der Erkundung von Lagerstätten, verlangen vielmehr bereits bei der Ausbildung eine bestimmte Spezialisierung. Diese drückt sich sowohl im wechselnden Umfang des Wissens aus, das dem Studierenden auf den einzelnen Teilgebieten der Geologie vermittelt werden muß, als auch in der unterschiedlichen Einbeziehung von Technik und Ökonomie in das Ausbildungsprogramm. Während an verschiedenen Instituten die letztere Aufgabe mit geringem Aufwand, vor allem mit Hilfe der Erkundungsbetriebe der Staatlichen Geologischen Kommission, gelöst werden könnte, erscheint die Bildung eines wissenschaftlichen Zentrums für die Ökonomie, die Organisation und Planung der geologischen Erkundung an der Bergakademie Freiberg nicht mehr aufschiebbar. In Verbindung mit den vorhandenen technischen Instituten (Institut für Bergbaukunde, Tiefbohrtechnik, Aufbereitung u. a.) wäre dann die dem jetzigen Charakter der Geologischen Erkundung entsprechende Voraussetzung für die Ausbildung von Erkundungsgeologen oder Montangeologen, d. h. von Geologen für die Suche und Erkundung von Lagerstätten, geschaffen.

Eine weitergehende Diskussion des Komplexes „Wissenschaft und Produktion in der Geologie“ ist an dieser Stelle nicht möglich, da sie den Rahmen dieses Beitrages sprengen würde. Alle noch offenen Probleme müssen in kurzer Zeit einer Lösung zugeführt werden, um die weitere Entwicklung der Geologischen Erkundung in der DDR zu sichern.

Der Bereich der Geologischen Erkundung ist heute aus unserer Wirtschaft nicht mehr wegzudenken, er hat sich zu einem großen Komplex mit eigenen speziellen Aufgaben im Rahmen der Volkswirtschaft entwickelt. Das Wesen der fortschreitenden Industrialisierung ist im Bereich der Geologischen Erkundung komplizierter zu erfassen als in anderen Bereichen der Industrie. Trotzdem erscheint es vertretbar, von einem „Industriezweig Geologische Erkundung“ zu sprechen (STAMMBERGER 1962), wenn auch die Aufgabe der Industrie, Produktions- oder Konsumtionsmittel zu erzeugen, für die Geologische Erkundung schwierig zu definieren ist. Alle Anforderungen, die an einen Industriezweig gestellt werden, erfüllt die Erdöl-Erdgas-Erkundung einschließlich der Förderung, da dort Produktionsmittel, nämlich Erdöl und Erdgas, erzeugt werden. In allen übrigen Bereichen werden z. B. Kalisalze, Eisenerze oder Trink- und Brauchwasser als Produktionsmittel durch die Geologische Erkundung nicht erzeugt, sondern nur als Lagerstätte für die Nutzung durch den Bergbau nachgewiesen. Erst durch die Gemeinschaft zwischen Geologie und Bergbau wird z. B. das Produktionsmittel Eisenerz erzeugt. Wenn wir trotzdem von einem Industriezweig „Geologische Erkundung“ sprechen, dann zuerst aus der Erkenntnis heraus, daß die Geologische Erkundung einen wesentlichen Beitrag bei der Mehrung der nationalen Reichtümer und beim Aufbau der materiell-technischen Basis des Sozialismus in der DDR zu leisten hat.

Literatur

AUTORENKOLLEKTIV: Politische Ökonomie – Lehrbuch, Berlin 1962.

KLOTZ, H. & K. RUM: Über die Produktivkraft Wissenschaft. – Einheit 18, H. 2, S. 25–31, und H. 3, S. 40–49, Berlin 1963.

KREJTER, W. M.: Aufgaben und Bedeutung der Lehre vom Aufsuchen und Erkunden von Lagerstätten mineralischer Rohstoffe. – Z. angew. Geol., 8, 449–453, Berlin 1962.

Stellungnahme zum Beitrag von W. M. KREJTER

KAUTZSCH, E.: Z. angew. Geol., 8, 550–551, Berlin 1962.
OELSNER, O.: „ „ „ 8, 551, Berlin 1962.
KÖLBEL, H.: „ „ „ 8, 607, Berlin 1962.
REH, H.: „ „ „ 8, 607–608, Berlin 1962
BÜLOW, K. v.: „ „ „ 8, 660–661, Berlin 1962.
STOLLE, E.: „ „ „ 8, 661–662, Berlin 1962.
PIETZSCH, K.: „ „ „ 9, 102–103, Berlin 1963.
GEHL, O.: „ „ „ 9, 103–104, Berlin 1963.
HOHL, R.: „ „ „ 9, 159–162, Berlin 1963.

STAMMBERGER, F.: Geologische Erkundung – Wissenschaft und Industriezweig. – Z. angew. Geol., 8, 658–660, Berlin 1962.

TISCHENDORF, G., G. DÖRNFELD, M. KRAFT & E. LEWIEN: Zur Frage der Definition und der Aufgaben geologischer Arbeiten in Abhängigkeit vom Untersuchungsstadium. – Z. angew. Geol., 8, 242–249, Berlin 1962.

Instruktion zur Anwendung der „Klassifikation der Lagerstättenvorräte fester mineralischer Rohstoffe“ auf Kupferlagerstätten der DDR

2. Kupfer-Instruktion vom 27. 3. 1963

INHALT

1. Der Rohstoff und seine Lagerstätten in der DDR

1.1. Der Rohstoff

1.1.1. Von den rund 165 bekannten kupferhaltigen Mineralen haben in den Kupfererzen der Lagerstätten der DDR nur wenige industrielle Bedeutung. Zu ihnen gehören:

		Cu-Gehalt
Bornit (Buntkupferkies)	Cu_5FeS_4	55,0–63,3%
Chalkosin (Kupferglanz)	Cu_2S	79,9%
Chalkopyrit (Kupferkies)	$CuFeS_2$	34,7%

Daneben werden Tennantit, Tetraedrit, Covellin, Azurit und Malachit angetroffen.

1.1.2. Kupfererze sind meist mehrmetallisch. Neben Kupfer werden in ihnen Zink, Blei, Eisen, Molybdän, Nickel, Kobalt, Silber, Selen, Germanium, Rhenium, Cadmium, Vanadium, Gold u. a. angetroffen.

1.1.3. Auf die Technologie der Weiterverarbeitung der Kupfererze (Aufbereitung und Verhüttung) haben die Gehalte an Tonerde, Karbonaten, organischen Substanzen und Quarz sowie die — meist feinen — Verwachsungsformen großen Einfluß.
Bei der geologischen Untersuchung von Kupferlagerstätten müssen deshalb alle nützlichen und schädlichen Komponenten im Erz festgestellt und ihre Erscheinungsformen beschrieben werden.

1.1.4. Industrielle Bedeutung als Kupferrohstoff haben in der DDR bisher nur die Kupfererze des Kupferschieferflözes [feingeschichteter, polybituminöser, sulfidführender Mergelschiefer im Zechstein 1 (Werraserie)] und dessen unmittelbares Hangendes und Liegendes erlangt.
Nach dem Einsatz im Hüttenprozeß werden zwei Rohstoffsorten unterschieden:

1.1.4.1. Kupfererze: 1. Kupferschiefer-Erz;
2. Hangend-Erz, das der Kupfererz-Kondition entspricht;
3. Liegend-Erz, das der Kupfererz-Kondition entspricht.

1.1.4.2. Kupferschüssige Zuschlagstoffe: Hangend-Erz mit geringem (nicht konditionsgemäßem) Kupfergehalt

1.1.5. Zum Kupferschiefer-Erz (s. Pkt. 1.1.4.1.) gehören bei entsprechender Metallführung die fünf Lagen (Unterglieder) des Kupferschieferflözes: Feine Lette, Grobe Lette, Kammschale, Schieferkopf, Schwarze Berge oder ihre Äquivalente.

1.1.6. Zu den Hangend-Erzen gehören vererzte Karbonatgesteine unmittelbar im Hangenden des Kupferschieferflözes.

1.1.7. Zum Liegend-Erz (Sanderz) gehört die Vererzung im Liegenden des Kupferschieferflözes.

1.2. Die Lagerstätten

1.2.1. Die in der DDR derzeit bekannten und industriell genutzten Kupferlagerstätten sind alle an das Kupferschieferflöz gebunden. Sie unterscheiden sich vor allem hinsichtlich

1.2.1.1. der Veränderlichkeit der Metallführung: sie kann in Feldesteilen relativ gleichmäßig (hinsichtlich der nützlichen Hauptkomponenten) sein oder innerhalb kleiner Bereiche starke Schwankungen aufweisen;

1.2.1.2. der Intensität tektonischer Erscheinungen: neben tektonisch wenig beeinflußten Feldesteilen können solche mit intensiver Bruchtektonik, Überschiebungen, Ausweitungszonen u. ä. angetroffen werden;

1.2.1.3. der hydrogeologischen Verhältnisse: die im Hangenden gegen Wasserzuflüsse abschirmenden Gips-, Anhydrit- und Steinsalzlager können ausbzw. abgelaugt sein. Schlottenbildung in den Hangendschichten können den Abbau gefährden.

1.2.2. Nach diesen Faktoren werden die Kupferlagerstätten der DDR in zwei Typen eingeteilt. Zu ihrer Untersuchung sind unterschiedliche Maßnahmen erforderlich. Bei der Berechnung ihrer Vorräte müssen entsprechende Unterlagen vorliegen.

1.2.2.1. Lagerstättentyp I
Felder einfacher Form und relativ gleichmäßiger Verteilung der wertvollen Komponenten, hydrogeologisch ungefährdet, mit übersichtlichen tektonischen Verhältnissen, die weder die Erkundung noch die Berechnung der Vorräte erschweren.

1.2.2.2. Lagerstättentyp II
Felder, die sich durch eine (Typ IIa) oder mehrere (Typ IIb) der folgenden Besonderheiten vom Typ I unterscheiden:

1. Wechsel der Metallfazies wurde auf relativ geringe Entfernungen festgestellt;
2. durch Häufung von „Rücken" und damit verbundenen Metallgehaltsschwankungen sind die Durchschnittsgehaltsermittlungen erschwert;
3. die Lagerungsverhältnisse sind kompliziert und erschweren Erkundung, Berechnung und Abbau der Vorräte;
4. durch Auslaugung oder tektonisch bedingtes bzw. primäres Fehlen der hangenden Schichtglieder, Schlottenbildung u. a. ist die Lagerstätte hydrogeologisch gefährdet.

1.2.3. Innerhalb eines Gruben- oder Berechnungsfeldes können beide Lagerstättentypen auftreten.

1.3. Felder, in denen Blei-Zink-Gehalte überwiegen und das Kupfer nur als untergeordnete Nebenkomponente auftritt, werden als Blei-Zink-Lagerstätten betrachtet und hier nicht behandelt.

2. Die Untersuchung des Rohstoffes und der Lagerstätte

2.1. Die durchgeführten Untersuchungen können nur dann als ausreichend angesehen werden, wenn sie zuverlässige Angaben über die Substanzmenge, die Art der Mineralführung, ihre Ausbildungsformen und räumliche Verteilung sowie über die berg- und verarbeitungstechnischen Verhältnisse geben, d. h., wenn eine zuverlässige Vorratsberechnung und industrielle Einschätzung der Lagerstätten möglich ist. Der Untersuchungsgrad, der für die Klasseneinstufung der Vorräte maßgebend ist, wird durch den Erkundungsgrad und den Erforschungsgrad der Lagerstätte und ihrer Vorräte charakterisiert.

2.2. Zum Erkundungsgrad gehören die Art der durchgeführten Erkundungsarbeiten, ihr spezifischer Umfang und ihr Gesamtumfang, ihre Verteilung auf der Lagerstätte und die Qualität ihrer Durchführung; die Zuverlässigkeit der Lagerstättenumgrenzung (horizontal und vertikal), die Entnahme von Untersuchungsmaterial für die Ermittlung der Qualität des anstehenden Rohstoffes und für technologische Versuche; ferner die exakte Dokumentation aller dieser Arbeiten.

2.2.1. Mit vertretbarem Erkundungsaufwand können durch OT-Bohrungen beim Lagerstättentyp I Vorräte bis zur Klasse C_1 und manchmal B erkundet werden, beim Lagerstättentyp II dagegen nur bis zur Klasse C_2 und selten C_1.
Die Anwendung bergmännischer Erkundungsverfahren ist bei beiden Lagerstättentypen zur Erkundung von Vorräten höherer Vorratsklassen ökonomisch günstiger.

2.2.2. Richtwerte für die Abstände der Bohrungen, Strecken u. a. bei beiden Lagerstättentypen sind in Tabelle 1 zusammengestellt. Sie können nicht für jeden konkreten Fall vorgeschrieben, sondern müssen vom Erkundungsgeologen rationell bestimmt werden. Die angegebenen Richtwerte stützen sich auf die praktische Erfahrung in der DDR und unterstellen durchschnittliche Lagerstättenverhältnisse des betreffenden Typs. Übergänge von einem Typ zum anderen und Abweichungen vom Durchschnitt — eine häufige Erscheinung — verpflichten den Erkundungsgeologen, die Richtigkeit der von ihm gewählten Erkundungsabstände (auch bei Übernahme der Richtwerte) zu begründen.

2.2.3. Bei Bohrungen muß der Kerngewinn im Flöz bzw. Erzkörper nachweislich größer als 90% sein[1]). Im Kupferschieferflöz ist ein ganzstückiger Kern anzustreben. Im unmittelbar Hangenden und Liegenden (unter Mansfeld—Sangerhäuser Verhältnissen heißt das: 0,50 Meter des Hangenden und meist 0,1 Meter des Liegenden) darf der Kerngewinn nicht niedriger als 80% sein.
Bohrungen mit geringerem Kerngewinn dürfen nur in den nachfolgend festgelegten Ausnahmen der Berechnung von Kupfererzvorräten zugrunde gelegt werden.

2.2.4. Wurden bei unzureichendem Kerngewinn Ablenkungen durchgeführt, ist folgendermaßen zu verfahren:

2.2.4.1. Wurde in der Ablenkung ein gem. 2.2.3. ausreichender Kerngewinn erzielt, gehen nur diese Daten in die Berechnung ein, d. h., der zuerst erhaltene Teilkern bleibt völlig unberücksichtigt.

2.2.4.2. Wurde auch in der Ablenkung ein gem. 2.2.3. insgesamt nicht ausreichender Kerngewinn erzielt, jedoch jene Lagen als Kern gezogen, die in der Hauptbohrung fehlen, können — wenn die Bohrlöcher nicht mehr als 10 Meter voneinander entfernt liegen[2]) — die im Hauptkern fehlenden Lagen mit den entsprechenden Werten für Mächtigkeit und Gehalt aus der Ablenkung übernommen werden. Ist die Entfernung zwischen beiden Bohrungen im Flöz größer als 10 Meter, muß

a) aus den in beiden Kernen vorliegenden Lagen die Veränderung zwischen den beiden Punkten durch Koeffizienten (getrennt für Mächtigkeit und Gehalt) erfaßt werden, die

b) bei der Übernahme der nur in einem Kern vorliegenden Lagen zur Ergänzung des anderen Kerns für Mächtigkeit und Gehalt zu verwenden sind.

---

[1]) Wobei die fehlenden Kernstücke nachweislich aus nichtvererzten (unter der Kondition liegenden) Lagen stammen müssen.

[2]) Wenn keine geophysikalischen Messungen vorliegen, wird diese Entfernung nach der Einbauteufe des Ablenkkeils bestimmt, wobei von einem maximalen Ablenkwinkel $\alpha = 3°$ und geradlinigem Verlauf der Ablenkung ausgegangen wird.

2.2.4.3. Wurde auch in der Ablenkung ein gem. 2.2.3. insgesamt nicht ausreichender Kerngewinn erzielt und fehlen im Kern der Ablenkung die gleichen Lagen wie im Hauptkern, können diese Bohrdaten ebenso wie der Hauptkern nicht zur Berechnung von Vorratsblöcken herangezogen werden, für die vollwertige Unterlagen in anderen Punkten vorliegen. Entsprechen die für den Teilkern erhaltenen Werte mindestens dem Durchschnitt des Blockes (ohne die betrachtete Bohrung), kann die Bohrung lediglich zur Festlegung der Blockgrenzen benutzt werden.

2.2.4.4. Liegen für mehrere benachbarte Bohrpunkte unzureichende Unterlagen wie in Pkt. 2.2.4.3. vor, können solche Vorräte nach den tatsächlich vorliegenden Unterlagen (des Teilkerns) gesondert berechnet und als Mindestvorräte in Klasse C_2 ausgewiesen werden.

2.2.4.5. Wurde bei gutem Kerngewinn im Flöz ein unbefriedigender Kerngewinn im Hangenden und Liegenden gem. Pkt. 2.2.3. erreicht und deuten die vorliegenden Kernstücke keine abweichend hohe Vererzung an, kann aus ökonomischen Gründen von Ablenkungen abgesehen und die Bohrung mit ihren Werten für das Flöz in die Berechnung — evtl. in niedrigere Klassen — eingehen.

2.2.5. Wurde in bergmännischen Bauen die vererzte Mächtigkeit nur unvollständig aufgeschlossen, können die so ermittelten Daten für Mächtigkeit und Gehalt nicht in die Berechnung eingehen.

2.2.6. In Übereinstimmung mit der Praxis des VEB Mansfeld-Kombinat „Wilhelm Pieck" erfolgt die Probenahme in bergmännischen Bauen durch Schlitzproben, die ebenfalls wie der Bohrkern in Sektionen aufgegliedert werden.

Ist in neuen Feldern eine Lageneinteilung des Kerns nicht möglich (z. B. Lausitzer Raum), werden die Sektionen nach Gesteins- und Erzeigenschaften des Kupferschiefers und seiner Nebengesteine bestimmt.

2.2.7. Die Abstände der Einzeluntersuchungen (Probenahme, Mächtigkeitsmessungen usw.) in bergmännischen Bauen sind abhängig von der Beständigkeit der Metallführung und betragen derzeit 5—10 Meter. Sie werden vom Betriebs- oder Erkundungsgeologen festgelegt; einmal festgelegt, sind sie im betr. Feldesteil unbedingt einzuhalten. Einer aus wirtschaftlichen Gründen anzustrebenden Vergrößerung der Probenahmeabstände über 10 m hinaus kann nur zugestimmt werden, wenn nachgewiesen wurde, daß dies bei dem Charakter der Metallverteilung im Erz zulässig ist.

2.3. Zum Erforschungsgrad gehören Untersuchungen der Rohstoffqualität (mineralogische, chemische u. a.), der technologischen Eigenschaften des Rohstoffes, der bergtechnischen und hydrogeologischen Verhältnisse, die geologische Analyse aller Erkundungsdaten, die Erforschung der Lagerstättengenese und die Ermittlung jener Faktoren, welche die Erzbildung begünstigen und ihre Verbreitung kontrollieren.

2.3.1. Die chemische Analyse ist aus ökonomischen Gründen in allen Proben nur auf die Komponenten durchzuführen, bei denen durch Spektralanalysen oder auf andere Weise Gehalte von industrieller Bedeutung festgestellt wurden. Zu einer derartigen Feststellung ist eine größere Anzahl Untersuchungen (15—20) für jede Erzsorte durchzuführen und in zeitlichen Abständen durch Einzeluntersuchungen die Richtigkeit bzw. die Gültigkeit der gemachten Feststellungen zu kontrollieren.

2.3.2. Es ist zulässig, die chemische Analyse jeder Einzelprobe auf die Hauptkomponenten (Cu, Pb, Zn und Ag) zu beschränken und die Analyse auf wertvolle Nebenkomponenten für Gruppenproben (d. h. 3—5 vereinigte Einzelproben) durchzuführen.

2.3.3. Die Zuverlässigkeit der Analysenangaben muß durch Kontrollanalysen bestätigt werden. Hierfür ist die entsprechende Anweisung der ZVK über „innere" und „äußere Kontrolle" maßgebend.

2.3.4. Die mineralischen Erscheinungsformen der nützlichen und schädlichen Komponenten, Verwachsungsgrad, Struktur und Textur der Erze, Korngrößen usw. müssen ausreichend charakterisiert und beschrieben werden, um notwendige Schlußfolgerungen für die Gewinnung bzw. Beseitigung der Komponenten zu ermöglichen.

2.3.5. Für neuerkundete (insbes. neuaufgefundene) Lagerstätten sind aufbereitungs- und hüttentechnische Untersuchungen zu veranlassen; der Bericht über das Ergebnis dieser Prüfungen ist mit der Vorratsberechnung vorzulegen. Wenn derartige Versuche nicht durchgeführt wurden, ist der analoge Bestand, Aufbau usw. des Rohstoffes in bezug auf solche Erze nachzuweisen, die auf anderen gleichartigen Lagerstätten bereits gewonnen werden.

2.3.6. Die Rohstoffdichte (Raumgewicht) muß für jede Erzsorte einwandfrei festgestellt werden. Mit der Rohstoffdichte wird am besten zugleich die Bergfeuchtigkeit bestimmt. Auf detaillierte Untersuchungen kann dann verzichtet werden, wenn der Nachweis für die praktische Bedeutungslosigkeit der Schwankungen (evtl. aus analogen Lagerstätten) erbracht wurde.

2.3.7. Zur Klärung der den Abbau beeinflussenden bergtechnischen Faktoren sind zu untersuchen:

2.3.7.1. Die physikalischen Eigenschaften des Nebengesteins (Bohrfähigkeit, Standfestigkeit, Klüftigkeit usw.). Wenn Angaben über Gebirgsdruckerscheinungen gemacht werden können, hat dies zu erfolgen.

2.3.7.2. Die physikalischen Eigenschaften des Erzes (Festigkeit, Stückigkeit, Koeffizient der Auflockerung usw.).

2.3.7.3. Die gas- und wasserführenden Horizonte und Zonen (statische und piezometrische Wasserspiegel, Filtrationskoeffizient, Zonen möglicher Infiltration von Oberflächenwässern, Beziehungen zwischen den Wässern im Hangenden, Liegenden und in den Erzkörpern, mögliche Wasserzuflüsse während des Abbaues usw.).

2.3.7.4. Wenn die unter 2.3.7.1. bis 2.3.7.3. genannten Untersuchungen in benachbarten Schächten mit gleichen oder analogen Verhältnissen durchgeführt bzw. einwandfrei bekannt sind, kann auf ihre Durchführung verzichtet bzw. ihr Umfang weitgehend eingeschränkt werden.

3. Die Einstufung der Vorräte in die Vorratsgruppen und -klassen

Die Bestimmungen der Klassifikation der Lagerstättenvorräte fester mineralischer Rohstoffe der DDR zur Einstufung der Vorräte werden auf Kupferlagerstätten wie folgt angewendet:

3.1. Einstufung in die Vorratsgruppen

3.1.1. Die Einstufung in die Vorratsgruppen erfolgt auf der Grundlage von Konditionen, die durch die Staatliche Plankommission bestätigt wurden.

3.1.2. Für die Berechnung der Außerbilanzvorräte von Kupfererzen werden in den Konditionen untere Grenzwerte festgelegt, getrennt für Kupferschiefererze, Liegenderze und Hangenderz. Erze, die unter dieser Grenze liegen, werden in den Vorratsberechnungen nicht erfaßt.

3.1.3. Prognostische Vorräte entsprechend § 4 der Klassifikation werden für größere geologische Einheiten (z. B. Sangerhäuser Mulde, Struktur Mulkwitz) gesondert berechnet und der ZVK eingereicht. Sie werden kontrolliert, begutachtet, jedoch nicht bestätigt.

3.2. Einstufung in die Vorratsklassen

Die Rohstoffvorräte werden in die einzelnen Klassen nach dem Untersuchungsgrad eingestuft. Dabei müssen alle im § 5 der 2. Vorratsklassifikation fester mineralischer Rohstoffe gestellten Forderungen für die jeweilige Klasse erfüllt sein.
Die Bedingungen für die Klassenzugehörigkeit werden für Kupfererze wie folgt präzisiert.

3.2.1. Klasse A (a)

3.2.1.1. Der Vorratsblock wurde bergmännisch erkundet und mindestens dreiseitig umfahren; die Erkundungsabstände entsprechen den Richtwerten der Tabelle 1 oder für die konkreten Verhältnisse ermittelten Werten. Die Erzführung ist in den Aufschlüssen lückenlos zu beobachten, ihr Verhalten in Aufschlußlücken (dreiseitige Umfahrung) ruft keine Zweifel hervor.

Tab. 1 Richtwerte für den Abstand der Erkundungsarbeiten[1])

Lagerstättentyp	Art der Erkundungsarbeiten	A	B	C_1	C_2
I	Bohrungen	–	–	500	1000
	bergmänn. Arbeiten	200	400	800	1200
IIa	Bohrungen	–	–	–	1000[2])
	bergmänn. Arbeiten	150	300	600	1200
IIb	Bohrungen	–	–	–	800[2])
	bergmänn. Arbeiten	–	200	400	800–1000

[1]) Diese Abstände beziehen sich auf ein quadratisches Netz bzw. auf die kurze Seite eines rechteckigen Netzes. Es handelt sich um Orientierungswerte (vgl. Pkt. 2.2.2.), die nicht schematisch übernommen werden dürfen, ihre Über- und Unterschreitung ist durchaus zulässig. Die gewählten Abstände müssen in jedem Fall begründet werden.

[2]) Wenn keine gesetzmäßige Veränderlichkeit der Lagerstättenparameter vorliegt, sowie in neuen Feldern werden verläßliche Mittelwerte für die Berechnungsparameter in der Regel nur erhalten, wenn mehr als 12 Ausgangswerte zur Verfügung stehen.

3.2.1.2. In den Auffahrungen wurde weder ein Wechsel in der Metallfazies noch ein Herabsinken der Metallführung unter die Konditionsgrenzen festgestellt.

3.2.1.3. Die hydrogeologischen, tektonischen und sonstigen den späteren Abbau beeinflussenden Faktoren sind geklärt.

3.2.1.4. Zur Berechnung der Parameter des Blockes wurden nur solche Daten verwendet, die im Block oder in den ihn begrenzenden Auffahrungen ermittelt wurden.

3.2.2. Klasse B (b)

3.2.2.1. Der Vorratsblock wurde bergmännisch erkundet. Bei allseitiger Umfahrung entsprechen die Erkundungsabstände den Richtwerten der Tabelle 1 oder für die konkreten Verhältnisse ermittelten Werten — bei lückenhafter (drei- oder zweiseitiger) Umfahrung entsprechend geringeren Abständen. Die Erzführung kann im Blockumriß zwar nicht lückenlos beobachtet werden, das Aushalten der maßgebenden Parameter jedoch begründet geschlußfolgert werden.

3.2.2.2. In den Auffahrungen kann ein Wechsel in der Metallfazies ebenso wie ein lokales Herabsinken der Metallführung unter die Konditionsgrenzen beobachtet worden sein. Die Beobachtungen müssen jedoch ausreichen, um die Abgrenzung dieser Bereiche begründet vornehmen zu können.

3.2.2.3. Die hydrogeologischen und tektonischen Verhältnisse innerhalb des Blockes müssen so weit bekannt sein, daß die Planung der Abbauarbeiten — unter Berücksichtigung möglicher zu erwartender Komplikationen — erfolgen kann.

3.2.2.4. Zur Berechnung der Parameter des Blockes können nur solche Daten verwendet werden, die im Block oder in den ihn begrenzenden Auffahrungen ermittelt wurden.

3.2.2.5. Verläuft die Blockgrenze in der Nähe einer nachgewiesenen tektonischen Störung bekannten Verlaufs, kann die Zwischenfläche bis zur Störung — bei entsprechenden geologischen Voraussetzungen — dem betreffenden Block hinzugefügt werden, wenn die Entfernung zwischen beiden die Hälfte der für Klasse B vorgesehenen Erkundungsabstände nicht überschreitet.

3.2.3. Klasse C_1 (c_1)

3.2.3.1. Der Vorratsblock wurde entweder bergmännisch erkundet (bei allseitiger Umfahrung entsprechen die Erkundungsabstände den Richtwerten der Tabelle 1 oder für die konkreten Verhältnisse ermittelten Werten) oder mit Hilfe von OT-Bohrungen.

Bei nicht allseitiger bergmännischer Umfahrung des Blockes muß das Aushalten der maßgebenden Parameter innerhalb der gewählten Berechnungsgrenzen durch die vorliegenden Erkundungsergebnisse begründet geschlußfolgert werden können.

Wurde der Berechnungsblock mit Hilfe von OT-Bohrungen erkundet, liegen C_1-Vorräte innerhalb des Umrisses, der durch — den Konditionen entsprechende — Bohrungen verläuft. Die Abstände solcher Bohrungen entsprechen den Richtwerten der Tabelle 1 oder wurden für die konkreten Verhältnisse als optimale ermittelt.

3.2.3.2. In den Auffahrungen kann ein Wechsel der Metallfazies ebenso wie ein lokales Herabsinken der Metallführung unter die Konditionsgrenzen beobachtet worden sein. Die Beobachtungen müssen jedoch ausreichen, um die Gesamteinschätzung des Berechnungsblockes mit der erforderlichen Zuverlässigkeit vornehmen zu können.

3.2.3.3. Die hydrogeologischen und tektonischen Verhältnisse müssen innerhalb des Blockes soweit bekannt sein, daß die Hauptschwierigkeiten des zukünftigen Abbaus eingeschätzt werden können.

3.2.3.4. Zur Berechnung der Parameter des Blockes können nur solche Daten verwendet werden, die im Block oder in den ihn begrenzenden Auffahrungen ermittelt wurden. Außerhalb des Blockes liegende Bohrungen können nur zur Interpolation bei der Umgrenzung verwendet werden.

3.2.3.5. Zur Beurteilung der geologischen Verhältnisse (Tektonik u. ä.) innerhalb des Vorratsblockes können die Untersuchungsergebnisse benachbarter Blöcke und für die gesamte Lagerstätte charakteristische Ergebnisse herangezogen werden.

3.2.3.6. Verläuft die Blockgrenze eines erkundeten C_1-Blockes in der Nähe einer nachgewiesenen tektonischen Störung bekannten Verlaufs oder einer anderen den Abbau begrenzenden Linie, kann die Zwischenfläche bei entsprechenden geologischen Voraussetzungen dem betreffenden C_1-Block hinzugefügt werden, wenn die Entfernung zwischen beiden die Hälfte der C_1-Erkundungsabstände nicht überschreitet.

3.2.3.7. Im Anschluß an Vorräte der Klassen A und B können bei entsprechenden geologischen Verhältnissen Vorräte der Klasse C_1 bis auf den halben Erkundungsabstand für diese Klasse extrapoliert werden. Sie liegen in diesem Falle im Grenzstreifen zwischen innerem und äußerem Umriß.

3.2.4. Klasse C_2 (c_2)

3.2.4.1. Der Vorratsblock wurde entweder bergmännisch erkundet (bei allseitiger Umfahrung entsprechen die Erkundungsabstände den Richtwerten der Tabelle 1 oder für die konkreten Verhältnisse ermittelten Werten) oder mit Hilfe von OT-Bohrungen.

Bei nicht allseitiger bergmännischer Umfahrung des Blockes muß das Aushalten der maßgebenden Parameter innerhalb der gewählten Berechnungsgrenzen durch die vorliegenden Erkundungsergebnisse begründet geschlußfolgert werden können.

Wurde der Berechnungsblock mit Hilfe von OT-Bohrungen erkundet, liegen C_2-Vorräte innerhalb des

Umrisses, der durch — den Konditionen entsprechende — Bohrungen verläuft. Die Abstände solcher Bohrungen entsprechen den Richtwerten der Tabelle 1 oder wurden für die konkreten Verhältnisse als optimale ermittelt.

3.2.4.2. Wurden in den Auffahrungen ein Wechsel der Metallfazies und lokales Herabsinken der Metallführung unter die Konditionsgrenze festgestellt, so sind für die betreffenden Blöcke entsprechende Koeffizienten zu berechnen und bei der Vorratsberechnung anzuwenden. Wurden in OT-Bohrungen solche Beobachtungen gemacht, können diese nur zur Interpolation bei der Festlegung des äußeren Umrisses dienen.

3.2.4.3. Die Klärung der hydrogeologischen und tektonischen Verhältnisse kann sich auf die Grundfragen beschränken; die gemachten Feststellungen dürfen die Bilanzwürdigkeit des Vorrates jedoch nicht in Zweifel stellen.

3.2.4.4. Zur Berechnung der Parameter des Blockes können neben Daten, die im Block selbst erhalten wurden, Angaben aus benachbarten Blöcken höherer Klassen herangezogen werden.

3.2.4.5. Verläuft die Blockgrenze eines erkundeten C_2-Blockes in der Nähe einer nachgewiesenen tektonischen Störung bekannten Verlaufs oder einer anderen den Abbau begrenzenden Linie, kann die Zwischenfläche bei entsprechenden geologischen Voraussetzungen dem betreffenden C_2-Block hinzugefügt werden, wenn die Entfernung zwischen beiden die Hälfte der C_2-Erkundungsabstände nicht überschreitet.

3.2.4.6. Im Anschluß an Vorräte der Klassen A, B und (nicht extrapolierte) C_1 können bei entsprechenden geologischen Verhältnissen Vorräte der Klasse C_2 bis auf den halben Erkundungsabstand für diese Klasse extrapoliert werden. Sie liegen in diesem Falle im Grenzstreifen zwischen innerem und äußerem Umriß.

3.2.4.7. Wurden in den Aufschlüssen bei C_2-Abständen günstige Verhältnisse angetroffen und läßt die allgemeine geologische Situation eine Extrapolation zu, können an den inneren Umriß der C_2-Vorräte extrapolierte Vorräte der gleichen Klasse bis zum halben Erkundungsabstand für C_2 berechnet werden.

4. Allgemeine Festlegungen für die Berechnung der Vorräte

4.1. Vorräte in Sicherheitspfeilern

4.1.1. Vorräte in sog. „ewigen Sicherheitspfeilern" werden bei der ersten Vorratsberechnung berechnet und der ZVK mitgeteilt. Die Verfügung über die Festlegung des Sicherheitspfeilers ist der Vorratsberechnung abschriftlich beizulegen. Diese Vorräte werden später nicht mehr berechnet und unabhängig davon, ob es sich um Bilanz- oder Außerbilanzvorräte handelt, nicht bilanziert.

4.1.2. Vorräte in befristeten Sicherheitspfeilern werden berechnet und in der entsprechenden Vorratsgruppe gesondert ausgewiesen.

4.1.3. Vorräte in abseits gelegenen Restpfeilern werden nach einem vorzulegenden technisch-ökonomischen Gutachten entweder unter Einhaltung der hierzu erlassenen Vorschriften abgeschrieben, d. h. aus der Vorratsbilanz entfernt, oder als normaler Vorrat geführt.

4.2. Festlegung zur Berechnung

4.2.1. Die Vorräte jeder Rohstoffsorte sind getrennt zu berechnen.

4.2.2. Die Berechnung der Erzvorräte erfolgt gem. „Richtlinie der ZVK über Form und Inhalt von Vorratsberechnungen" in 1000 Tonnen, die Berechnung der Metallinhalte in 10 Tonnen (Cu) und 100 Tonnen (Pb und Zn). Für die wertvollen, z. T. in Spuren auftretenden Nebenkomponenten gelten die Maßeinheiten in der obengenannten Richtlinie.

4.2.3. Wurden wertvolle, in Spuren auftretende Nebenkomponenten mit Hilfe statistischer u. a. Methoden für einzelne oder mehrere Vorratsblöcke berechnet, können sie in der Regel nur als C_2-Vorräte geführt werden, selbst wenn die betreffenden Blöcke und Lagerstättenteile für Kupfer in höheren Klassen bestätigt wurden.

4.2.4. Die in der DDR z. Z. untersuchten Lagerstätten liegen in technisch erreichbaren Teufen. Sollten in Zukunft tieferliegende Lagerstätten angetroffen werden, ist ihre Bilanzwürdigkeit in jedem Einzelfalle zu überprüfen. Allgemein wird festgelegt, daß Vorräte bis zu einer Teufe von 1200 m als Bilanzvorräte und von 1200—1500 m als Außerbilanzvorräte geführt werden. Lagerstätten oder ihre Teile, welche in noch größere Teufen hinabsetzen, werden in die Vorratsberechnungen im allgemeinen nicht einbezogen. In fraglichen Fällen entscheidet die ZVK.

4.3. Wurden bei der Erkundung neuer Felder mit Hilfe von OT-Bohrungen andere mineralische Rohstoffe (z. B. Kali, Braunkohle) im Deckgebirge des Kupferschieferflözes angetroffen, so sind die entsprechenden Kerne, Unterlagen usw. den zuständigen Erkundungsbetrieben, VVB usw. zu übergeben, die für die Berechnung dieser Vorräte nach den Richtlinien und Instruktionen der ZVK verantwortlich sind. Im Bericht zur Vorratsberechnung sind entsprechende Nachweise beizubringen bzw. Vereinbarungen über die Berechnung dieser Vorräte mitzuteilen.

4.4. Die Berechnung der Vorräte muß auf Rissen und Karten eines solchen Maßstabes erfolgen, daß benachbarte Aufschlüsse mindestens 3—5 cm voneinander entfernt liegen, d. h. in der Regel nicht kleiner als 1:5000—1:10000. Kleinere Maßstäbe bedürfen der ausdrücklichen Zustimmung der ZVK.

4.5. Gem. „Richtlinien der ZVK über Form und Inhalt von Vorratsberechnungen" muß der Bericht ein Kapitel zur industriellen Einschätzung der Lagerstätte enthalten.

Bei neuerkundeten Lagerstätten, insbesondere in neuen Bezirken, gehören dazu vor allem die optimale Jahresförderung eines zukünftigen Betriebes und seine Lebensdauer, orientierungsmäßiger Umfang der benötigten Investitionen, erwartete Selbstkosten einer Tonne Erz und Metall, ihr Vergleich mit analogen Betrieben bzw. dem Durchschnitt des Industriezweiges, erschwerende (die Produktion verteuernde) Umstände usw.

Bei bereits im Abbau stehenden Betrieben sind vor allem anzugeben: jährliche Gewinnung, Gewinnungsverluste, erwartete Lebensdauer bei den vorhandenen Gesamtvorräten, Gestehungskosten, Vergleich mit analogen Betrieben und Durchschnitt des Industriezweiges.

5. Die volkswirtschaftliche Bedeutung der Vorräte

5.1. Die in den §§ 13—17 der Vorratsklassifikation formulierte volkswirtschaftliche Bedeutung der einzelnen Vorratsklassen und ihrer Gesamtheit wird für Lagerstätten des Kupferschiefers durch Instruktionen und Weisungen konkretisiert, welche die Staatliche Plankommission herausgibt.

5.2. Für Entscheidungen, die durch diese Weisungen nicht berührt werden, sind die entsprechenden Festlegungen der Vorratsklassifikation maßgebend.

ZENTRALE VORRATSKOMMISSION
FÜR MINERALISCHE ROHSTOFFE
DER DDR

Der Vorsitzende
Stammberger

Das Problem der Spilite und die Hypothese der Transvaporisation im Lichte neuer ozeanologischer und vulkanologischer Ergebnisse[1]

D. S. KORSHINSKIJ

In der petrologischen Literatur ist die Vorstellung weit verbreitet, daß die Magmen Wasser aus dem umgebenden Gestein oder Meerwasser aufnehmen können und bei der Kristallisation besonders wasserreiche Mineralien ergeben. In den letzten Jahren entwickelte besonders E. v. SZÁDECZKY-KARDOSS (1960) diesen Gedanken und formulierte ihn als Hypothese der „magmatischen Transvaporisation".

Die Hypothese der Transvaporisation wurde öfters zur Erklärung der Genese der Spilit-Keratophyr-Gesteine herangezogen. Über das Problem der Spilite existiert eine umfangreiche Literatur, auf die hier nicht eingegangen wird. Die Spilite bilden im wesentlichen submarine Ergüsse. Deshalb ist es verständlich, daß man versuchte, die Besonderheiten der mineralogischen Zusammensetzung der Spilite (hauptsächlich Albit, Chlorit, mitunter Epidot und Aktinolith) durch Wasser- und Na-Aufnahme aus dem Meerwasser zu erklären, d. h. durch „magmatische Transvaporisation". Andere Autoren erkannten unter Berücksichtigung der Relikte primärer Mineralien (von basischem Plagioklas, Augit) die sekundäre Entstehung von Albit, Chlorit und Epidot an, führten aber ihre Bildung auf besondere Bedingungen der Autometasomatose unter submarinen Verhältnissen zurück. Verschiedene Autoren betrachten die Spilit-Keratophyr-Serie als einen besonderen Na-Zweig der basaltisch-andesitischen Gesteine und ihren charakteristischen genetischen Zusammenhang mit Kieslagerstätten als eine spezielle Differentiationsrichtung dieser Gesteinsserie. Öfters wird die Entstehung der Spilite auch auf die Metamorphose normaler Basalte und die der Keratophyre und Quarzkeratophyre auf die Metamorphose von Andesiten, Daziten und Rhyolithen zurückgeführt.

Die in den letzten Jahren an jungen vulkanogenen Formationen und vulkanischen Tiefseebildungen gewonnenen Untersuchungsergebnisse eröffneten für das Problem der Spilite und der Transvaporisation neue Gesichtspunkte.

Bei der Auswertung der ozeanologischen Ergebnisse erwies mir P. L. BESRUKOW große Hilfe. Das Problem der Spilite beriet ich mit W. P. LOGINOW. Bei den Untersuchungen half mir W. P. PODLESSKIJ. Allen diesen Kollegen gebührt mein Dank.

Welche Besonderheiten zeigen submarine Effusionen?

Eine wichtige Frage der Petrologie vulkanogener Serien ist die der Besonderheiten submariner Effusionen. Ist für sie eine Hydratation im magmatischen oder nachmagmatischen Stadium charakteristisch? Nehmen sie Natrium aus dem Meerwasser auf?

Die Untersuchungen tertiärer Laven an Meeresufern und auf Inseln bekräftigen, daß in allen Fällen in mittleren bis geringen Tiefen nirgends eine Wechselbeziehung zwischen Laven und Meerwasser, ausschließlich der Verwitterung, stattfand. Im Tertiär erfolgten in der Regel mehrfache Schwankungen des Meeresniveaus. Es bildeten sich in verschiedenen Niveaus tertiäre Laven aus, die sich vermutlich in einem niedrigen Meeresniveau bildeten. So ist auf der Insel Kunaschir (Kurilen) eine Serie junger Meeresterrassen bis in 120 m Höhe gegenüber dem heutigen Meeresniveau ausgebildet (MARCHININ 1959). Zwischen diesen Meeresterrassen finden wir auf den Inseln Kunaschir und Paramuschir tertiäre Basalte und Andesite in völlig frischem Zustand, d. h. ohne jegliche Spuren einer Albitisierung oder Chloritisierung. Es handelt sich um schwarze und graue Gesteine. Grünsteinvarietäten fehlen unter ihnen. Auch in der Literatur vulkanischer Inseln fehlen Erwähnungen über Grünsteinvarietäten der Laven.

Im Südteil der Insel Sachalin wurden miozäne Kissenlaven beschrieben, die mit Meeressedimenten wechsellagern. Nach der Zusammensetzung der Fauna wurde die Tiefe des Lavaergusses mit 100 m ermittelt. In der glasigen Lavamasse sind Kristalle völlig frischen basischen Labradors (70% An), chloritisierten Olivins und Klinopyroxens erhalten. Die Untersuchungen von W. N. SCHILOWA & O. K. KALISCHEWITSCH führten zu dem Schluß, daß sich offenbar die Spilite nicht in geringen Tiefen bildeten.

Schon diese Ergebnisse haben große Bedeutung, da man doch nicht alle Spilite geosynklinaler Serien als Tiefseebildungen betrachten kann.

Ozeanologische Tiefseeuntersuchungen erweitern die Kenntnisse über die Tiefsee-Effusionen

Ozeanologische Untersuchungen unter Verwendung von Echolotungen ergaben, daß der Ozeanboden reich mit vulkanischen Kegeln bedeckt ist. Nach den Untersuchungen von H. W. MENARD (1959) im Zentralteil des Stillen Ozeans hat man bis 10000 untermeerische Kegel und Berge, die fast alle Vulkane sind, festgestellt. Die vulkanische Natur der untermeerischen Berge bestätigen die Bodensedimentproben, die in der Nähe der Berge aus Aschentuffen mit Bruchstücken vulkanischer Gesteine bestehen. Besonders interessant sind die Ergebnisse von A. P. LISIZYN & A. W. SCHIWAGO (1958) aus dem Südteil des Indischen Ozeans. Es zeigte sich, daß ein großer Teil des Meeresbodens vulkanisches Relief mit einzelnen vulkanischen Kegeln, die Höhen bis zu drei km erreichen, besitzt. „Gewaltige Flächen nehmen Lavafelder mit stufenartigen, klumpigen und unebenen Oberflächen ein" (LISIZYN & SCHIWAGO 1960).

Sehr interessant sind die Ergebnisse über vulkanogene Sedimente und Bruchstücke vulkanischer Gesteine auf

[1]) Aus: Isw. Akad. Nauk. SSSR, Serie Geologie, H. 9, S. 12–17 (1962). Übers.: WOLFGANG BEYER

dem Ozeanboden. Im Südteil des Indischen Ozeans (Tiefen von 4,0—5,5 km) beobachtete man weit verbreitete vulkanische Aschen mit braunen oder seltener farblosen Glasbröckchen, Bimsstein, Feldspat-, Augit- und Hornblendekristallen (LISIZYN & SCHIWAGO 1960). In einer anderen Arbeit von A. P. LISIZYN (1960) wurden geologische Ergebnisse des Untersuchungsschiffes „Ob" aus dem Südteil des Indischen und Stillen Ozeans mitgeteilt. Dort wurden in den Bodensedimenten außer basaltischen und andesitischen Gläsern, Feldspat-, Augit-, Hornblende-, Magnetit- und Olivinkristallen auch Bruchstücke grauer andesitischer Laven gefunden, „die aus einer glasigen Mikrolithgrundmasse mit Einsprenglingen von Pyroxen und Plagioklas bestehen" (LISIZYN & SCHIWAGO 1960). Näher zur Antarktis, im Gebiet der Scott-Insel, „wurde der Boden in einer Tiefe von 500 m von Bruchstücken schwarzer oder rotbrauner basaltischer, blasiger Laven bedeckt . . ." (LISIZYN & SCHIWAGO 1958).

Über die scharfkantigen Basaltbruchstücke, die dem Ozeanboden im Indisch-Australischen Becken des Indischen Ozeans entnommen wurden, berichtete P. L. BESRUKOW (1962).

Durch die Liebenswürdigkeit von P. L. BESRUKOW hatte ich die Möglichkeit, eine Sammlung vulkanischer Gesteine zu untersuchen, die vom Forschungsschiff „Witjas" im Stillen und Indischen Ozean aus Tiefen von 5—7 km und Entfernungen von einigen tausend Kilometern vom nächsten Land gewonnen wurden. Ein Transport der Bruchstücke durch Eisschollen ist hier nach den Schlußfolgerungen von BESRUKOW ausgeschlossen. Die Bruchstücke bestehen hauptsächlich aus schwarzem basaltischem Glas, sind oft blasig. In anderen Fällen handelt es sich um dunkelgrauen Basalt. Äußerlich sind die Bruchstücke von einer braunen oder schwarzen Mangan-Verwitterungsrinde umgeben. Splitter von Basalten und basaltischem Glas beobachtet man auch im Innern typischer Mn-Konkretionen. Schon bei erster Betrachtung dieser Proben fällt das Fehlen vulkanischer Grünsteine auf. Für die mikroskopische Untersuchung überließ mir BESRUKOW Teile dreier weniger verwitterter Handstücke.

Das erste Stück stammt vom Boden des Indisch-Australischen Beckens (Tiefe von 4885 m und 2000 km von Australien entfernt). Dem Augenschein nach liegt hier ein pechschwarzes basaltisches Glas vor. Die Größe des Handstückes beträgt 25 cm im Durchschnitt. Außen entwickelte sich eine rostig-braune Verwitterungskruste, die das Glas völlig frisch erhielt. Die Lichtbrechung des Glases beträgt 1,585 (Bestimmung von K. W. PODLESSKIJ). Die braune glasige Masse erweist sich unter dem Mikroskop zum größten Teil als anisotrop, da sie reich an Plagioklaskriställchen von dendritischem Aufbau ist. Man findet isometrische Olivinkristalle mit einer Länge von 0,3—0,4 mm. Im Gestein treten gerundete Poren (Mandeln) von 0,2—0,3 mm Durchschnitt auf, die mit Chalcedon erfüllt sind.

Die Analyse dieser Probe 4517-1, die im Labor des IGEM der Akademie der Wissenschaften der UdSSR durch E. N. SCHIPILIN erfolgte, ergab folgendes:

SiO_2 50,82; TiO_2 0,35; Al_2O_3 15,11; Fe_2O_3 1,15; FeO 7,59; MnO 0,18; MgO 10,39; CaO 11,82; Na_2O 1,80; K_2O 0,19; H_2O^- 0,07; H_2O^+ 0,18; Rest nicht bestimmt, Summe 99,65.

In dieser Analyse sind die niedrigen Wasser- und Alkaligehalte, insbesondere Na, beachtenswert. Letzteres unterscheidet sie von den Basalten „ozeanischen Typs".

Das andere Handstück aus einer Tiefe von 4740 m besteht aus Basalt. Die Struktur ist porphyrisch mit intersertaler Grundmasse. Als Einsprenglinge findet man nur Plagioklas — Bytownit (80—84% An), die 2 bis 10 mm Länge erreichen können. Die Leisten basischer Plagioklase der Grundmasse sind ungefähr 0,1 mm lang. Zwischen ihnen sind kleine Augitkörner (2 V = + 55,5°) und wenig gröbere Olivinkörner verbreitet. Olivin wird teilweise durch ein grünliches, chloritartiges Mineral verdrängt. Die übrigen Mineralien sind völlig frisch. Beigemengt findet man ein schwarzes Erzmineral.

Das dritte der Bruchstücke aus einer Tiefe von 4420 m ist ein stark blasiges, basaltisches Glas mit gerundeten, leeren Poren von 1—3 mm Durchmesser. Die Olivineinsprenglinge (bis 0,5 mm) befinden sich in einer glasigen braunen Masse, die mit dendritischen Kriställchen erfüllt ist.

Alle drei Proben zeigen eine erstaunliche Frische der Mineralien. Nur der Olivin ist in unbedeutendem Maße durch ein chloritartiges Mineral verdrängt. Der Plagioklas ist völlig durchsichtig.

Nach den Ergebnissen von J. D. H. WISEMAN (1937) wurden aus dem Gebiet der „Carlsberg-Kette" (Indischer Ozean) in einer Entfernung von 1500 km von Indien und in einer Tiefe von 3385 m Proben von Basalt und Hornblende-Dolerit genommen. Die Bruchstücke sind mit Mn-Rinden bedeckt. Der Basalt setzt sich aus Oligoklas (ungefähr 25% An), Augit, Glas mit geringen Chloritmengen und zum Teil Epidot zusammen. Chemisch zeigen die Analysen unbedeutende Na_2O-Gehalte (3,19—4,45 Gew.-%) bei niedrigen K_2O-Gehalten (0,04 bis 0,21 Gew.-%). Die Wassergehalte H_2O^+ und H_2O^- betragen 1,92 und 4,02 Gew.-%.

In der Arbeit von E. L. HAMILTON (1956) werden die Untersuchungergebnisse untermeerischer Berge beschrieben, die 1000—1800 km westlich Hawaii liegen. Es zeigte sich, daß diese Berge versunkene Inseln darstellen, denn es wurden Schotter und Gerölle von Olivinbasalten gefunden.

In der Arbeit von H. KUNO, R. L. FISHER & N. NASU (1956) werden Gesteine vom untermeerischen Berg Jimmu, 1100 km südöstlich von Kamtschatka, aus einer Tiefe von 4650—5100 m beschrieben. Die Bruchstücke, hauptsächlich gerundete, haben verschiedenartige Zusammensetzung und wurden nach Meinung der Autoren durch schmelzende Eisberge einer Eisperiode von Kamtschatka und den Kurilen hierher transportiert. Zusammen mit vorherrschend frischen Basalten, Andesiten, ihren Tuffen und Schlacken sind auch albitisierte und chloritisierte Varietäten, aber auch Quarz-Syenitporphyr, Quarzgabbro, verschieferter Metabasalt und mylonitisierter Tuff vorhanden. Letztere Gesteinstypen zeugen zweifellos von einem Materialtransport von einem Festland.

Am interessantesten von den angeführten Ergebnissen sind zweifellos diejenigen von den beiden Forschungsschiffen „Ob" und „Witjas" aus dem Südteil des Indischen und Stillen Ozeans. Das völlige Fehlen von Grünsteinvarietäten der Spilite und Propylite ist hier charakteristisch. Das basaltische Glas, Basalte und Andesite unterscheiden sich hinsichtlich der Frische ihrer Mineralien keineswegs von den „trockenen" Varietäten.

Die Ergebnisse von E. L. HAMILTON (1956) und H. KUNO, R. L. FISHER & N. NASU (1956) sind weniger interessant, da das entnommene Material viele Gerölle und Schotter enthält, die vom Festland oder einem versunkenen Festland stammen. Auch die Anwesenheit von Dolerit, wie sie von J. D. H. WISEMAN (1937) beschrieben wurde, deutet auf gleiche Verhältnisse. Charakteristisch ist jedoch, daß in diesen drei Arbeiten vorherrschend frische basaltische Gesteine beschrieben werden und typische Spilite nicht Erwähnung finden.

Die weitere Untersuchung des submarinen Vulkanismus und seiner Produkte hat große wissenschaftliche Bedeutung. Aber schon jetzt kann auf Grund der hier dargestellten Ergebnisse angenommen werden, daß auf dem Ozeanboden sogar in einer Tiefe von 5—7 km keine Transvaporisation der Magmen entsteht und sich keinerlei Spilite bilden. Das erstarrende basaltische Magma ergibt hier das übliche basaltische Glas und Basalte. Eine bemerkenswerte Bildung in solch großer Tiefe ist blasiges Glas, was vom gewaltigen Druck des Wasserdampfes zeugt, der bei der Erstarrung des basaltischen Magmas auftritt.

Auf diese Weise erweist sich die Hypothese der Transvaporisation bei submarinen Ergüssen als unzureichend.

Unter welchen Bedingungen vollzog sich die Metamorphose der Spilite?

Sofern die Bildung der Albit-Chlorit-Assoziation in Spiliten nicht mit einer Wechselwirkung mit dem Meerwasser zusammenhängt, muß sie auf einen anderen metamorphen Prozeß zurückgeführt werden.

Wie ich schon früher ausführte (KORSHINSKIJ 1960, 1961), unterscheiden sich die metamorphen Veränderungen in oberflächennahen und subvulkanischen Bedingungen grundlegend von denen großer Tiefe. In Tiefen von weniger als 700—1000 m fehlen mittelthermale Prozesse unter Bildung solcher Mineralien wie Epidot und Aktinolith völlig. Das erklärt sich durch das Verdampfen der mittelthermalen, wäßrigen Lösungen bei einem kleinen äußeren Druck. In Spiliten ist Epidot genügend weit verbreitet. Für kleine Tiefen ist auch eine Albitisierung nicht charakteristisch. Der Plagioklas unterliegt keiner Zersetzung bis auf seine Verdrängung durch Adular, Zeolithe, Tonmineralien oder Opal. Deshalb kann eine Spilitisierung der Basalte unter Bildung von Albit, Chlorit, Epidot und Aktinolith nur in bedeutenden Tiefen (nicht weniger als 1 km) entstehen, d. h., es handelt sich um einen allgemeinen metamorphen Prozeß. (Unter der Belastung großer Wassermassen kann die Tiefenstufe einer derartigen Metamorphose natürlich, vom Ozeanboden gerechnet, geringer sein.) Es ist charakteristisch, daß in rezenten und tertiären Schichten Spilite nicht bekannt sind. In der Literatur werden Spilitserien aus dem Paläozoikum beschrieben, bei weitem seltener aus mesozoischen und tertiären Formationen, was auch mit ihrer bedeutenden Bildungstiefe zusammenhängt.

Nach der qualitativen Mineralzusammensetzung der Spilite ist kein Unterschied zu den allgemeinen (mittelthermalen) Propyliten, d. h. metamorphosierten andesitischen Gesteinen, festzustellen. Zweifellos erfolgte ihre Metamorphose unter ähnlichen Bedingungen.

Für das Verständnis der Bedingungen der Metamorphose spilitischer Schichtpakete ist auch der Zusammenhang dieser Metamorphose mit der Bildung von Kieslagern von Bedeutung. Wie bekannt, liegen die Kupferkieslagerstätten des uralischen Typs inmitten von Spiliten und Keratophyren, was zweifellos mit der Bildung dieser Gesteine zusammenhängt. Darauf wies zuerst A. N. SAWARIZKIJ hin. Es wurde oft gesagt, daß die Kieslagerstätten mit der Spilit-Keratophyr-Assoziation als besonderen Gesteinsserie zusammenhängen. Inzwischen wurde richtig erkannt, daß die Metamorphose der geosynklinalen Basalte und sie begleitender Andesite und Dazite, die zu Spiliten und Keratophyren verwandelt wurden, mit den Bildungsprozessen der in ihnen lagernden Kieslagerstätten verknüpft sind. Tatsächlich äußert sich die Spilitisierung und Propylitisierung am stärksten in Gebieten von Kieslagerstätten. Das weist auf den Zusammenhang der Spilitisierung mit den nachmagmatischen Prozessen hin.

Die Untersuchung von Kieslagerstätten ergab, daß ihre Bildung im Anfangsstadium der Deformation und Faltung der vulkanogenen Schichten erfolgte, da sich die Kieslager oft tektonischen Schichtverschiebungen oder Antiklinalstrukturen anpassen. Tektonische Brekzien vor oder während der Vererzung sind seltener. Der Erguß der Spilit-Keratophyr-Serie erfolgt im allgemeinen in den Anfangsetappen der Geosynklinale. Im Stadium der Versenkung der Sedimente unter submarinen Bedingungen und in der nachfolgenden Phase intensiver Faltung unterliegen sie leicht der Metamorphose. Anscheinend erklärt das auch den indirekten Zusammenhang der submarinen Ergußbedingungen mit der späteren Metamorphose, was auch den Anlaß für die Hypothese der submarinen Transvaporisation oder submarinen Metamorphose der Gesteine gab. Eine allgemeine Bestätigung der besonderen Na-Anfangszusammensetzung der Spilite und Keratophyre scheint ungenügend begründet, weil sie sich auf Analysen metamorpher Varietäten stützt. Alle Spilite, Keratophyre und Quarzkeratophyre sind metamorphe Grünsteinvertretungen normaler Basalte, Andesite, Dazite und vielleicht auch Rhyolithe.

Zusammenfassung

Das Studium von Bruchstücken von Basalten und Balsaltglas, die vom Ozeanboden stammen, ergab, daß durch die Einwirkung von Meerwasser keinerlei Transvaporisation der basaltischen Magmen oder Albitisierung der Basalte erfolgte.
Die Spilit-Keratophyr-Serie bildete sich durch Metamorphose basaltisch-andesitisch-dazitischer Gesteine im Anfangsstadium der Einwirkung von Faltungen. Die Untersuchungen in jungen Vulkanformationen führten zu dem Schluß, daß diese Metamorphose in beträchtlicher Tiefe (nicht weniger als 1 km) vor sich ging, in der auch eine Albitisierung der Plagioklase und eine Epidot- und Aktinolithbildung stattfinden konnte.

Резюме

Изучение обломков базальтов и базальтового стекла от дна океана показало, что никакой трансвапоризации базальтовых магм или альбитизации базальтов на дне океана в результате воздействия морской воды не наблюдается.

Спилито-кератофировая серия образовалась путем метаморфизма базальто-андезито-дацитовых пород в начальной стадии воздействия складчатости. Исследования в молодых вулканических формациях привели к выводу, что эти процессы метаморфизма совершались в значительной глубине (не менее I км), в которой и могла происходить альбитизация плагиоклазов и образование эпидота и актинолита.

Summary

The study of basaltic and basaltic glass fragments from the bottom of the ocean has shown that neither basaltic magmas have been transvaporized nor basalts albitized as a result of influences exercised by sea-water.

The spilite-keratophyre series was formed by metamorphism of basaltic-andesitic-dacitic rocks in the early stage of influences exerted by folds. Studies of young volcanic formations have led to the conclusion that this metamorphism took place in a considerable depth (no less than 1 km), where an albitization of plagioclases and a formation of epidote and actinolite could also take place.

Literatur

Besrukow, P. L.: Über die Ungleichmäßigkeit der Verbreitung von ozeanischen Tiefseesedimenten. — Ozeanologie, T. 2, H. 1, 1962.

Hamilton, E. L.: Sunken islands of the Mid-Pacific mountains. — Bull. Geol. Soc. America, mem. 64, 1956.

Korshinskij, D. S.: Die Besonderheiten der nachmagmatischen Erscheinungen in vulkanogenen Formationen in Abhängigkeit von der Tiefenlage. — Dokl. AN SSSR, T. 133, Nr. 5, 1960.

— Die Abhängigkeit der Metamorphose von der Tiefenlage in vulkanogenen Formationen. — Tr. Labor. vulkan., AN SSSR, H. 19, 1961.

Kuno, H., R. L. Fisher & N. Nasu: Rock fragments and pepples dredged near Jimmu Seamount, northwestern Pacific. — Deep-Sea Res., vol. 3, Nr. 2, 1956.

Lisizyn, A. P.: Die Sedimentbildung in den südlichen Teilen des Stillen und Indischen Ozeans. — Intern. Geol. Kongr., XXI. Sess., Vortr. sowjet. Geol., Probl. 10, 1960.

Lisizyn, A. P. & A. W. Schiwago: Das Relief des Ozeanbodens und die Sedimente im südlichen Teil des Stillen Ozeans. — Isw. Akad. Nauk SSSR, Serie Geographie, H. 3, 1960.

Marchinin, E. K.: Die Vulkane der Insel Kunaschir. — Tr. Labor. vulkan,, 17/1959.

Menard, H. W.: Geology of the Pacific sea floor. — Experienta, Bd. 15, 6/1959.

Schilowa, W. N., & O. K. Kalischewitsch: Zur Frage der Bildungsbedingungen der Gesteine der Spilit-Keratophyr-Formation. — Dokl. AN SSSR, Bd. 122, H. 5, 1958.

Szádeczky-Kardoss, E. A. v.: A genetical system of igneous rocks. — Int. Geol. Congr., Rep. XXI. Sess., Norden 1960.

Wiseman, I. D. H.: Basalts from the Carlsberg ridge, Indian ocean. — British museum. The J. Murray expedition 1933—1934, Scient. Rep., Bd. 3 H. 1, 1937.

Über eine Natursteinerkundung mit Bohrungen und geophysikalischen Messungen in Nordwestsachsen[1)]

(Mitteilung aus dem VEB Geophysik Leipzig, Nr. 73, und aus dem VEB Geologische Erkundung Süd, Freiberg, Nr. 133)

Hellmuth Särchinger & Peter Böhme, Leipzig

1. Einleitung

Im Jahre 1960 wurde dem Geologischen Dienst Freiberg/Sa. (jetzt VEB Geologische Erkundung Süd, Freiberg/Sa.) die Aufgabe gestellt, für den VEB (K) Steinbruch und Sandgrube Oschatz (Bezirk Leipzig) eine Natursteingroßlagerstätte als Rohstoffgrundlage für ein geplantes Schotter- und Splittwerk im Raum Oschatz zu erkunden. Die Wahl des Erkundungsfeldes erfolgte nach den vorliegenden Ergebnissen der geologischen Spezialkartierung, dem Befund in derzeitigen Aufschlüssen sowie unter Berücksichtigung der technischen Wünsche und Vorstellungen des Kreisbauamtes Oschatz als Planträger und des VEB Projektierung Steine und Erden als Projektant. Zum Nachweis des benötigten Hartgesteinsvorrates (Quarzporphyr) wurde das Gebiet um den sogenannten Hutberg rund 1 km westlich der Kreisstadt Oschatz zwischen den von Oschatz nach Leipzig und Wermsdorf führenden Straßen vorgesehen. Der Gipfel des Hutberges mit rund 161 m über NN überragt seine Umgebung nur um etwa 10 bis 20 m.

2. Geologische Situation

Das Erkundungsgebiet liegt am Nordrand des am weitesten nach Osten reichenden Ausläufers des nordwestsächsischen Porphyrgebietes, das durch sehr mächtige, weit verbreitete Decken unterrotliegender Ergußgesteine charakterisiert ist.

Der Quarzporphyr bei Oschatz wird dem Rochlitzer Quarzporphyr zugeordnet und liegt somit an der Basis der oberen Abteilung des Unterrotliegenden. Unter dem Quarzporphyr lagern hier Tuffe, die als Unteres Tuffrotliegendes, dem jüngsten Teil der unteren Abteilung des Unterrotliegenden, anzusehen sind.

Die früher südwestlich von Oschatz stellenweise aufgeschlossenen und im Jahre 1922 in der bekannten Tiefbohrung von Saalhausen—Kreischa angetroffenen Sandsteine und Schiefertone mit Brandschiefern (Saalhausener Schichten), die nach Wettig (1928) älter sind als der Rochlitzer Quarzporphyr, fehlen im Erkundungsgebiet.

Wenig nördlich des Erkundungsgebietes treten im Collmbergzug vermutlich ordovizische Tonschiefer, quarzitische Schiefer und quarzitische Grauwacken zu-

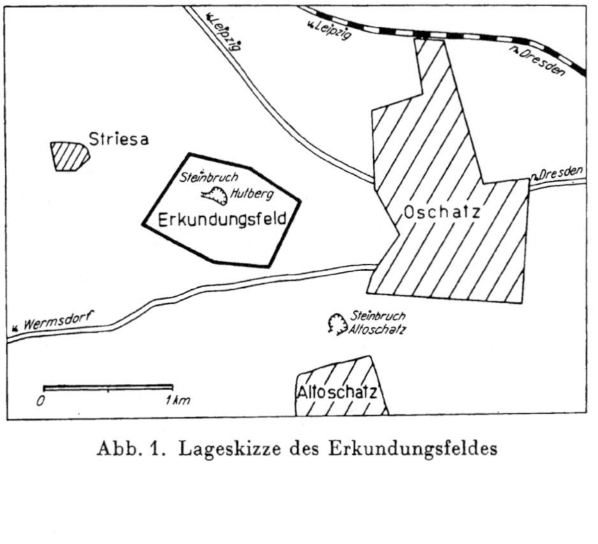

Abb. 1. Lageskizze des Erkundungsfeldes

1) Eingang des Manuskripts in der Redaktion: 26. 1. 1963

tage, an denen die Porphyrdecke auskeilt. Diese paläozoischen Gesteine werden fast durchweg von pleistozänen und holozänen, untergeordnet auch von tertiären Ablagerungen verhüllt.

3. Umfang und Verlauf der Erkundungsarbeiten

Bei Oschatz wurden 1960 erstmalig für den nordwestsächsischen Raum intensive Erkundungsarbeiten auf Naturstein angesetzt. Damit ist jedoch nicht gesagt, daß die Gesteinsgewinnung vorher grundsätzlich mit großem Risiko gearbeitet hat, wie im folgenden begründet werden soll.

Steinbrüche wurden früher meist als Kleinstbetriebe auf Grund der Beobachtungen im Gelände begonnen. Einige Schürfe zur Ermittlung der Abraumverhältnisse dürften zur groben Orientierung ausgereicht haben. Wenn sich bei einem solchen Kleinstbetrieb ungünstige Verhältnisse zeigten, die eine rentable Weiterführung unmöglich machten, wurde der Bruch geschlossen, ohne daß große Verluste eintraten. Bei günstigen Abraum- und Rohstoffverhältnissen dagegen konnte der Betrieb nach und nach wachsen. Das Risiko verteilte sich somit auf zeitlich auseinandergezogene Investitionsetappen.

Vollkommen andere Voraussetzungen und Forderungen liegen jetzt vor. Grundbedingung für die Anlage eines neuen Steinbruchbetriebes ist die Vollmechanisierung; diese setzt jährliche Fördermengen von 200000 t, 500000 t oder sogar 1 Million t Rohgestein voraus. Entsprechend hoch sind die Summen, die bei der Errichtung derartiger Anlagen investiert werden müssen. Es leuchtet ein, daß die Investitionsbank diese Mittel nur nach einem exakten Nachweis der Rohstoffgrundlage zur Verfügung stellt.

Außerdem sind die objektiven natürlichen Gegebenheiten jetzt weit ungünstiger und fragwürdiger als vor etwa 60 bis 70 Jahren; damals setzte die intensive Natursteingewinnung in Nordwestsachsen ein, und zwar selbstverständlich meist an den günstigsten Stellen, den Porphyrkuppen, die inzwischen jedoch teils vollständig abgebaut, teils stark angegriffen worden sind.

Als Ausgangspunkt für die Wahl des Erkundungsfeldes diente, unter Berücksichtigung der technischen Vorstellungen und Möglichkeiten, der laut Geologischer Spezialkarte i. M. 1 : 25000 im Bereich der im Volksmund als „Hutberg" bezeichneten Kuppe rund 1 km westlich von Oschatz auftretende Rochlitzer Quarzporphyr. Die topographische Unterlage dieser Karte aus dem Jahre 1904 enthält bereits den Steinbruch am Nordhang der Kuppe und einen kleinen Bruch südlich davon, der jetzt nicht mehr erkennbar ist.

Der Steinbruchkartei des VEB Geologische Erkundung Süd konnte entnommen werden, daß z. B. der nördliche Bruch 1927 und 1940 (Erhebungsjahre) von der Firma Carl Hoffmann, Oschatz, betrieben worden ist. Aus dem Jahre 1939 liegen folgende Produktionsziffern vor: 7000 t Kopfpflaster, 20000 t Packlager 15000 t Straßenschotter und 6000 t Splitt. Im Laufe des zweiten Weltkrieges wurde der Bruch stillgelegt.

Die am Hutberg bei Oschatz 1960 durchgeführte Erkundung stellt hinsichtlich ihrer zeitlichen Abfolge kein Musterbeispiel dar. Hier sollen daher zunächst nur die einzelnen Arbeiten genannt werden, während die zweckmäßigste Reihenfolge im Abschnitt 5 nach der Darstellung der Erkundungsergebnisse behandelt werden soll.

In einem quadratischen Netz mit rund 140 m Punktabstand wurden 12 Schürfe angesetzt, von denen nur zwei die Porphyroberfläche eindeutig erreicht haben. Die übrigen Schürfe mußten aus technischen Gründen vor dem Erreichen des geologischen Zieles eingestellt werden. Ein örtlicher Bohrbetrieb führte von den Schurfsohlen aus Sondierungen durch; diese stießen stets auf Widerstand, ohne daß mit Sicherheit gesagt werden konnte, ob sie die Felsoberfläche erreichten.

Die sechs Kernbohrungen der Staatlichen Geologischen Kommission aus dem Jahre 1960 sind rund 200 m bis 350 m voneinander entfernt. Die Endtiefen schwanken zwischen 55 und 65 m; sie ergaben sich aus der Geländehöhe der Bohransatzpunkte und der laut Projekt geplanten tiefsten Abbausohle bei + 100 m NN. Nur eine Bohrung wurde bis rund + 77 m NN gestoßen, um als Hinweis auf eine spätere weitere Vertiefung des Bruches zu dienen. Die Bohrproben und Bohrkerne wurden vom Objektgeologen zunächst im Gelände aufgenommen. Dabei erfolgten die Auswahl der Gesteinssplitter für Dünnschliffe und die Vorbereitungen zu den Qualitätsprüfungen am Quarzporphyr.

1961 wurde durch den VEB Geophysik Leipzig eine weitere Kernbohrung im Nordwesten des Erkundungsfeldes niedergebracht, da die geoelektrische Kartierung in Verbindung mit Tiefensondierungen (vgl. den folgenden Absatz) die Frage aufgeworfen hatte, ob hier brauchbarer Porphyr unter tragbaren Abraummächtigkeiten ansteht.

Für die Porphyrerkundung bei Oschatz wurde hinsichtlich der Einschaltung der Geophysik so verfahren, daß die geophysikalischen Messungen begonnen wurden, als die geologischen Erkundungsarbeiten bereits im Gange waren. Da es darauf ankam, in kurzer Zeit und ohne größeren Aufwand einen Überblick über die Deckgebirgsverhältnisse zu erhalten, kamen nur geoelektrische Sondierungen und eine Widerstandskartierung in Frage. Die zuletzt genannte Methode spiegelt die Leitfähigkeitsunterschiede in den oberflächennahen Schichten sehr deutlich wider. Die Wirkungstiefe a wurde mit 10 m so gewählt, daß dieser Wert in der Nähe der noch vertretbaren Deckgebirgsmächtigkeit liegt. In diesem Zusammenhang wirkte sich auf die Aussagekraft der Meßergebnisse der Umstand sehr günstig aus, daß der Porphyr dort, wo er unter geringer Bedeckung ansteht, auch morphologisch in Erscheinung tritt. Es genügten Profilabstände zwischen 50 und 100 m, um zu einem brauchbaren Bild zu gelangen. Die Entfernung s der Meßpunkte untereinander auf den NE—SW angeordneten Profilen beträgt 10 m.

Die nach Abschluß der Widerstandskartierung angesetzten 16 Tiefensondierungen bis a = 50 m dienten der Feststellung des Verlaufs des scheinbaren spezifischen Widerstands in der Vertikalen; nach Möglichkeit sollte hierbei die Tiefenlage der Oberfläche des Quarzporphyrs erfaßt werden. Da sich der Widerstandsunterschied zwischen dem letzteren und der Lockerbedeckung als ausreichend erwies, konnte diese Frage durch die Sondierungsergebnisse recht befriedigend beantwortet werden.

Um die Kosten der geophysikalischen Untersuchungen so niedrig wie möglich zu halten, wurde auf ergänzende elektromagnetische Messungen verzichtet, die sich neben der Erkundung sulfidischer Erze vor allem auch für den Nachweis tektonischer Störungszonen mit stärkerer Verlettung oder Wasserführung sowie toniger Zersetzung des Nebengesteins eignen. Untersuchungen dieser Art hätten sich bei Oschatz höchstens zur Klärung einiger Fragen am Nordost- und Nordwestrand des Hutberges gelohnt. In anderen Fällen jedoch, in denen Lockersedimente den festen Untergrund gänzlich verhüllen, ist eine elektromagnetische Untersuchung zur Erkennung tektonischer Zonen angebracht, die sich hinsichtlich ihrer Leitfähigkeit von ihrer Umgebung ausreichend abheben.

4. Erkundungsergebnisse

Schürfe und Kernbohrungen

Mit dem Schürfen sollte die Mächtigkeit der pleistozänen Lockermassen über dem Quarzporphyr festgestellt werden. Dieses Ziel wurde praktisch nicht erreicht. Nur zwei Schürfe trafen auf Quarzporphyr, und zwar an Stellen, die durch die topographische Situation und die geologische Spezialkartierung ohnehin am wenigstens fragwürdig waren. Damit fiel eine wichtige Unterlage für die Stützung der Interpolationen zwischen den weit auseinanderliegenden Kernbohrungen aus. Die durchschnittliche Tiefe der Schürfe betrug 2 m. Sie standen fast durchweg in Gehängelehm und darunter folgendem mindeleiszeitlichem Geschiebelehm. Pleistozäne verschiedenkörnige, wenig Grundwasser führende Sande wurden nur vereinzelt angetroffen.

Mit den Kernbohrungen konnte die Abraummächtigkeit über dem brauchbaren Quarzporphyr recht gut ermittelt werden. Pleistozäne Lockermassen (Geschiebelehm und -mergel sowie Geschiebesande) wurden bis maximal 10 m Tiefe festgestellt. Unter diesen Bildungen folgen häufig verschiedene Arten des Quarzporphyrzersatzes, und zwar meist Quarzporphyrgrus und stark verwitterter Porphyr wie in einem Falle auch Porphyrkaolin in situ. Die unterschiedliche Mächtigkeit

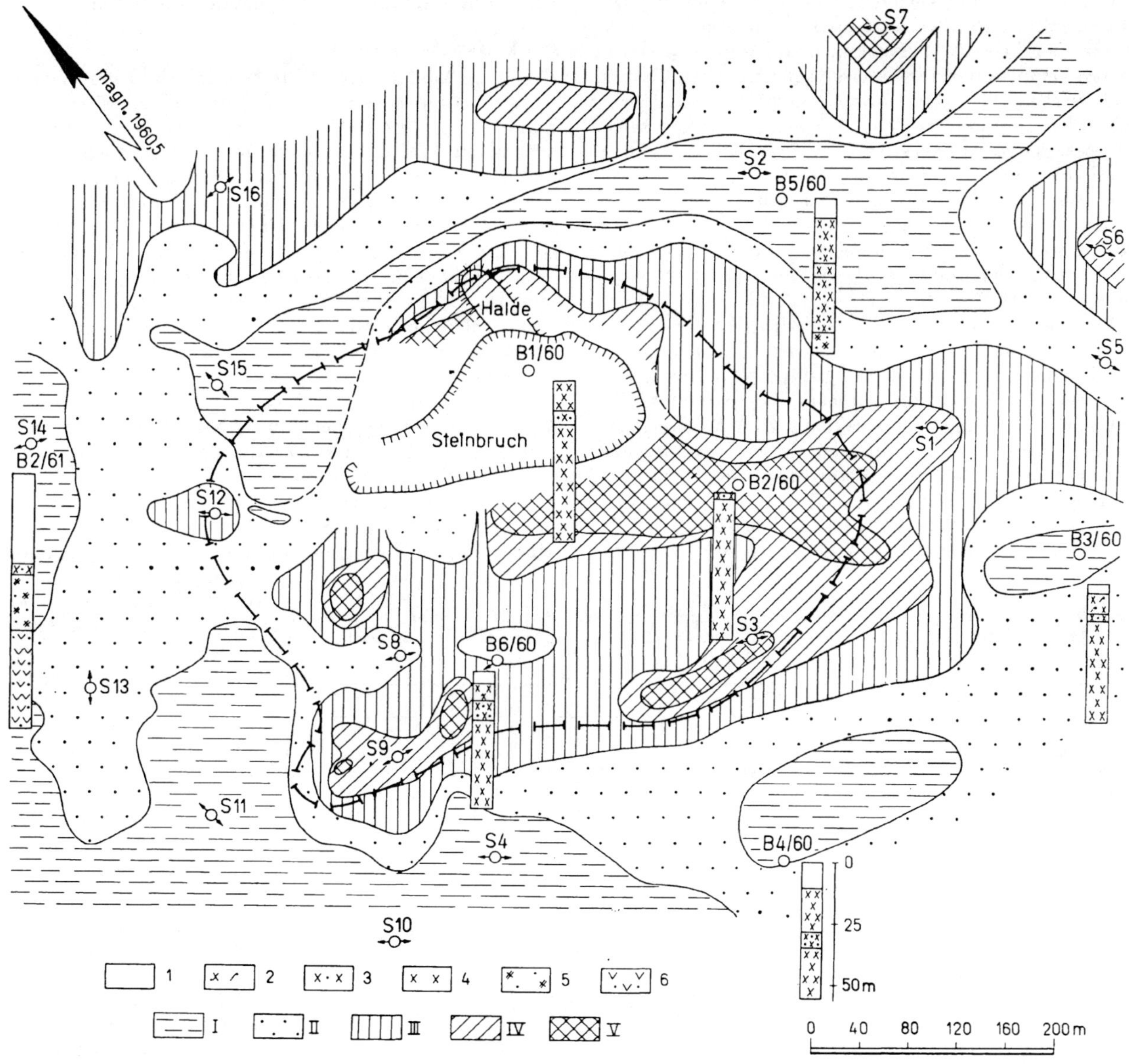

Abb. 2. Lageplan mit Anordnung und Ergebnissen der Erkundungsarbeiten

Linien gleichen scheinbaren spezifischen Widerstandes einer geoelektrischen Kartierung (a = 10 m, s = 10 m). I — < 60 Ωm; II — 60 ... 100 Ωm; III — 100 ... 200 Ωm; IV — 200 ... 300 Ωm; V — > 300 Ωm. (Die weiße Fläche bei der Kernbohrung B 6/60 gehört zur Signatur II.)
S 1 Geoelektrische Tiefensondierung mit Kennzeichnung der Standlinienrichtung B 1/60 Kernbohrung
1 — Jüngere Lockermassen, ungegliedert; 2 — Porphyrzersatz, grusig bzw. kaolinisch; 3 — Rochlitzer Quarzporphyr, stark verwittert; 4 — Rochlitzer Quarzporphyr, überwiegend frisch; 5 — Unteres Tuffrotliegendes; 6 — Melaphyr, überwiegend unfrisch
Geologisch kartierte Grenze des Rochlitzer Quarzporphyrs: Gerissene Linie

zeigt Abb. 2. In zwei Bohrungen (3/60 und 6/60) wurde die durch eine vorläufige Kondition des VEB Projektierung Steine und Erden festgelegte zulässige Abraumhöhe von 12 m erheblich überschritten.

Der Nachweis und die Beurteilung des Quarzporphyrs waren infolge des meist ausreichenden Kerngewinns möglich. In einer Kernbohrung (5/60) wurde der Quarzporphyr in rund 55 m Tiefe, das entspricht dem Niveau + 95 m NN, durchbohrt. Darunter lagern vorwiegend Tuffe sowie untergeordnet auch Tuffite und lettenartige Bildungen.

Die Dünnschliffuntersuchungen erfolgten durch G. HÖSEL, Freiberg. Danach liegt ein typisch porphyrisches Gestein mit einer mikrokristallinen, z. T. halbvitrophyrischen Grundmasse vor. Bei den Einsprenglingen handelt es sich um Quarz, Orthoklas, Plagioklas und untergeordnet Biotit. Die Grundmasse setzt sich aus Quarz und Feldspat (Orthoklas und Plagioklas) sowie dessen Verwitterungsprodukten Kaolinit, Serizit, Chlorit und vereinzelt Kalzit sowie oxydischen Eisenerzmineralien zusammen. Das Verhältnis Grundmasse: Einsprenglinge liegt bei etwa 1 : 1. Die Größe der Quarz- und Feldspateinsprenglinge beträgt rund 0,5 bis 1,0 mm. Die Biotiteinsprenglinge sind wesentlich kleiner. Die Feldspateinsprenglinge liegen fast durchweg nicht frisch vor. Kaolinisierungserscheinungen wurden häufig beobachtet; die Orthoklase sind teilweise völlig kaolinisiert.

Für die Durchführung der erforderlichen gesteinsphysikalischen und gesteinstechnischen Untersuchungen wurde die Hauptmasse der Quarzporphyr-Bohrkerne zu Schotter, Splitt und Brechsand verarbeitet. Es wurden je Bohrung teils eine, teils zwei Mischproben zusammengestellt. Die wichtigsten Untersuchungsergebnisse sind in der Tabelle wiedergegeben. Da die Wasseraufnahme bei atmosphärischem Druck mit Werten von 1,89 bis 2,61 Gewichts-% beträchtlich über dem als Richtwert für Frostsicherheit geltenden Wert 0,5 Gewichts-% liegt, wurden 19 Gesteinsproben zusätzlich dem Frostversuch unterworfen. Sämtliche Proben haben den Frostversuch bestanden, obwohl einige dieser Proben sogar rund 3 Gewichts-% Wasseraufnahme zeigten. Die Widerstandsfähigkeit des Schotters gegen Druck liegt im Bereich der mittleren Häufigkeitswerte für Quarzporphyr. Die Haftung bituminöser Bindemittel ist stark abhängig von der Bindemittelart.

Untersucht wurde weiterhin die Eignung des Brechsandes und des Splitts für die Betonherstellung. Die Prüfungen erfolgten auf Druckfestigkeit und Biegezugfestigkeit der Betonkörper. Parallel geprüft wurden jeweils unter gleichen Bedingungen angefertigte Prüfkörper mit einem Zuschlagstoff anerkannt guter Qualität. Nach diesen Ergebnissen ist der Quarzporphyr für die Betonherstellung als geeignet zu betrachten.

Geophysikalische Messungen

Das in Abb. 2 dargestellte Isoohmenbild der Widerstandskartierung zeichnet sich durch einfache Verhältnisse aus. Im Bereich der Kuppe des Hutberges erscheint ein Widerstandsmaximum, dessen Höchstwerte 300 Ohmmeter übersteigen. Am Südwestrand des Maximums fällt der scheinbare spezifische Widerstand ρ_s auf 50 bis 60 Ohmmeter ab, am Nordostrand jedoch auf 25 bis 30 Ohmmeter, wobei im letzteren Falle ein größerer Gradient vorhanden ist. Beide Minimalgebiete vereinigen sich im Nordwesten. Am Nordostrand der Meßfläche stellen sich nochmals höhere ρ_s-Werte ein, doch entbehrt dieser Streifen der Einheitlichkeit des Zentralmaximums.

Es ist unschwer, einen Zusammenhang zwischen den hohen scheinbaren spezifischen Widerständen in der Mitte der Meßfläche und der Hochlage des Porphyrs zu erkennen. Jene Sondierungen, die im Zentralmaximum angesetzt worden waren, repräsentieren den Typ B. Dieser unterscheidet sich von den übrigen Typen durch einen stetigen Anstieg und läßt die geringe Überdeckung des Porphyrs deutlich werden (s. Abb. 3). Dies gilt vor allem für den Teiltyp b, der etwa dem Ergebnis der Bohrung 2/60 zuzuordnen ist. Hier sei erwähnt, daß jeweils nur eine mittlere Kurve als Vertreter für jeden Typ berücksichtigt wurde.

Der Teiltyp a, der bereits durch einige Meter Deckgebirge gekennzeichnet ist, leitet zu den Kurven des Typs A über. Dieser stellt sich in den niederohmigen Flächen nordöstlich und südwestlich des Zentralmaximums ein. Hier werden die jüngeren Lockermassen nach dem Ergebnis der Bohrungen bis 10 m mächtig. In diesen spielen Geschiebelehm bzw. -mergel geoelektrisch eine entscheidende Rolle. Als oberflächennahe und niederohmige Schicht ziehen sie die Kur-

Tabelle. Ergebnisse gesteinstechnischer Untersuchungen am Rochlitzer Quarzporphyr aus dem Institut für Stadtbauwesen und Straßenbau der Technischen Universität Dresden

Probe Nr.	1	2	3	4	5	6	7
DIN 52102:							
Rohwichte (g/cm³)	2,482	2,534	2,506	2,499	2,450	2,499	2,514
Reinwichte (g/cm³)	2,617	2,674	2,648	2,669	2,626	2,653	2,684
Dichtigkeitsgrad	0,948	0,948	0,946	0,936	0,932	0,942	0,938
wahre Porosität (Raum-%)	5,2	5,2	5,4	6,4	6,8	5,8	6,2
DIN 52103:							
Wasseraufnahme bei atmosphär. Druck (Gew.-%)	1,90	1,96	2,11	1,89	2,61	1,91	2,38
Wasseraufnahme bei atmosphär. Druck (Raum-%)	4,70	4,97	5,24	4,77	6,36	4,76	5,98
DIN 52109:							
Widerstand von Schotter gegen Druck (Durchgang bei 10 mm ∅ in Gew.-%)							
Prüfschotter 40/50 mm	28,7	25,6	24,7	22,0	27,4	24,9	25,7
Prüfschotter 30/40 mm	nicht bestimmt	27,6	25,5	25,2	25,5	26,0	23,8
Haftung von Bindemitteln am Gestein Wasserlagerungsprüfung nach TGL 2840-56 (Bedeckung in %)							
Straßenbaubitumen B 200	50	40	40	40	40	40	25
Verschnittbitumen Halle (M 14)	70	50	40	50	60	60	40
Straßenteer T 80/125	40	20	20	20	25	30	20
Straßenteer Halle 50/50	95	95	100	100	90	90	100
Verschnittbitumen Schkeuditz (50 Bit)	40	40	40	50	25	25	30

ven des Typs A nach links und bedingen so die niedrigen Widerstandswerte in den Gebieten einer jüngeren Bedeckung des Porphyrs. Zwischen dem Kurvenrückgang und dem starken Anstieg im unteren Kurventeil des Typs A deutet sich eine weitere geoelektrisch wirksame Schicht an, die nach Aussage der Bohrungen 3 und 4/60 sowohl aus Sand als auch aus Porphyrgrus, gelegentlich aus sehr unfrischem Porphyr bestehen kann. Die theoretische Auswertung der zum Typ A gehörigen Kurven (2, 4, 5, 8, 10, 11) führt für die Mächtigkeit des Abraums zu Werten, die in keinem Widerspruch zu den Bohrergebnissen stehen (10 m $\pm$ 3 m).

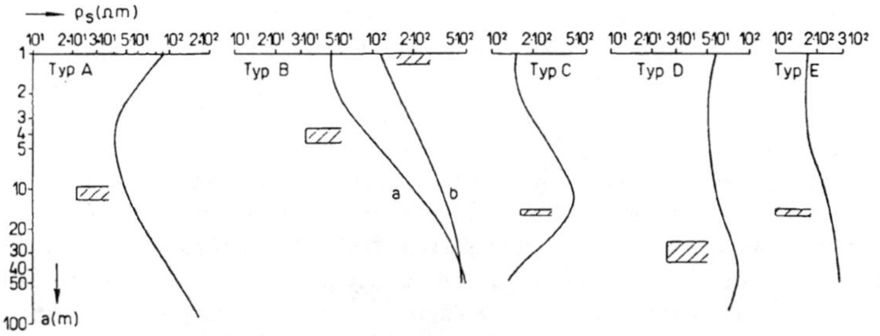

Mittlerer Bereich für die geoelektrisch ableitbare Tiefenlage des festen Untergrundes bzw. bei Typ D der Unterkante eines schlechteren Leiters

Abb. 3. Gliederung der Sondierungskurven nach Typen

Eine am Nordostrand der untersuchten Fläche in einem der lokalen Maxima angesetzte Sondierung (7) verdeutlicht den umgekehrten Fall, bei dem ein besserer Leiter von einem schlechteren überlagert wird. Letzterer ist wohl mit trockenem Geschiebesand identisch. Diese Schicht, obwohl nur einige Meter mächtig, führt die Kurve weit nach rechts, und die Kurvenwendung setzt, verglichen mit der Tiefenlage der Unterkante des trockenen Sandes, erst später ein (Typ C der Abb. 3). Es ist anzunehmen, daß der rasche Widerstandsrückgang zunächst durch einen wasserführenden Sand eingeleitet und dann durch unterlagernden Geschiebemergel weitergeführt wird. Ein erneuter, dem Porphyr zuzuordnender Anstieg wurde nicht erfaßt, da die Sondierung zu früh beendet worden ist. Theoretisch fügt sich die Kurve jenen Vorbildern ein, bei denen unter einer dem Geschiebemergel entsprechenden Schicht guter Leitfähigkeit ein Material mit höherem Widerstand auftritt, was im vorliegenden Fall auch aus geologischen Gründen für das Vorhandensein des Porphyrs spricht.

Die in einem ähnlichen Maximum gemessene Sondierung 6 liefert nicht denselben Kurventyp. Ihr Verlauf (Typ E in Abb. 3) verrät, daß Geschiebemergel als zweiter wesentlicher Bestandteil der jüngeren Lockermassen fehlt; der Geschiebesand dürfte dem Porphyrgrus bzw. Porphyr auflagern. Die angesichts des wenig ausdrucksvollen Kurvenverlaufs schwierige theoretische Auswertung ergab für die Tiefenlage des festen Untergrundes ähnlich wie im Fall des Typs C einen Wert um 16 m. Es hat den Anschein, daß im nordöstlichen Vorland der Porphyrhochlage die Mächtigkeit der Lockermassen größer ist als südwestlich davon.

Eine spätere Erweiterung der Meßfläche nach Nordwesten über den Bereich des Steinbruchs hinaus ergab sich aus der Notwendigkeit des Nachweises weiterer Vorräte. Südwestlich des Steinbruchs konnten zunächst noch höhere scheinbare spezifische Widerstände festgestellt werden. Diese Fläche wird durch einige lokale Minimalzonen gegliedert. Die eine von ihnen, wenig südlich des Bruches, spiegelt die Lage eines alten und wieder verfüllten Abbaus wider. Die andere greift von WNW her in das zentrale Widerstandsmaximum ein und geht nicht allein auf eine überwiegend lehmige Bedeckung zurück, die in der Bohrung 6/60 eine Mächtigkeit von 5 m aufweist. Die gleiche Bohrung durchfuhr zum Teil stark verwitterten Porphyr, der an der Minderung der Widerstandswerte einen gewissen Anteil haben dürfte. Diese Annahme wird durch das Verhalten der zum Typ A gehörigen Kurve der Sondierung 8 bestätigt, indem sie im unteren Kurvenabschnitt einen wesentlich geringeren Zuwachs für ρ_s erkennen läßt und bei einer Wirkungstiefe von $a = 100$ m einen ρ_s-Wert von nur 150 Ohmmetern erreicht. Demgegenüber liegen die entsprechenden Größen bei den Sondierungen 4, 5, 10 und 11 zwischen 150 und 300 Ohmmetern (vgl. auch mit der asymptotischen Näherung des Kurventyps B an einen ρ_s-Wert um 500 Ohmmeter, der als wahrer spezifischer Widerstand des Porphyrs des Untersuchungsgebiets gelten kann).

Wie Abb. 2 zeigt, ist eine Fortsetzung des Zentralmaximums in nordwestlicher Richtung nicht vorhanden. Beide Minimalgebiete, die es im NE und im SW begleiten, vereinigen sich westlich des Steinbruchs. Zunächst lag die Annahme nahe, daß auch dieser Minimalbereich Porphyr mit steinbruchtechnisch noch tragbaren Abraummächtigkeiten in sich einschließt. Die Kurven der Sondierungen 13 bis 16 verhalten sich abweichend. Ihre Charakteristik als Typ D läßt zwischen 10 und 30 m einen schlechteren Leiter erwarten, der mit einem wahren spezifischen Widerstand von rund 100 Ohmmetern einem wasserführenden Sand sehr nahekommt.

Eine Kernbohrung (2/61) am Punkt der Sondierung 14 erbrachte unter 13,6 m Geschiebelehm bzw. -mergel bis 36,6 m stark feinkiesigen wasserführenden Geschiebesand. Dieser wird nur von 4,5 m unfrischem Rochlitzer Quarzporphyr unterlagert. Das Liegende des Porphyrs (Unteres Tuffrotliegendes und Melaphyr) ist zum Teil stark zersetzt, womit der Widerstandsrückgang im unteren Kurvenabschnitt der zum Typ D gehörenden Sondierungen erklärt wird.

Die Auflagerungsfläche des Geschiebesandes auf dem Porphyr in der Bohrung 2/61 liegt bei + 109 m NN, am Hutberg steigt der Porphyr bis auf 161 m an. Seine Oberfläche sinkt demnach auf eine Entfernung von 400 m um mindestens 50 m ab. Nach dem geoelektrischen Bild läßt sich der Schluß ziehen, daß dieser Abfall nicht gleichmäßig erfolgt, da der 150 m westnordwestlich des Steinbruchs auftretende Gradient einem an dieser Stelle rascheren Absinken entspricht; die gemessenen ρ_s-Werte < 60 Ohmmeter müssen als Ausdruck einer bereits größeren Mächtigkeit des Geschiebemergels gelten.

Es liegt somit eine durch Erosion geschaffene Hohlform vor, die mit pleistozänen Sedimenten angefüllt ist. Durch die vorangegangene Ausräumung wurde der Quarzporphyr bis auf einen geringen Rest entfernt.

Das frühe Einsetzen des Melaphyrs in der Bohrung 2/61 braucht nicht die Wirkung einer relativen Schollenhebung an einer Verwerfung zu sein, zumal das Niveau der Grenze zwischen Porphyr und Tuff in den Bohrungen 2/61 und 5/60 auf eine Entfernung von 640 m nur um 10 m differiert. Die mürbe Beschaffenheit des festen Untergrundes in der Bohrung 2/61 sowie der damit verbundene geringere Kerngewinn lassen höchstens die Annahme einer Zerrüttungszone zu, die mit der südsüdwestlichen Fortsetzung einer rheinisch streichenden tektonischen Zone zusammenhängen kann, die JAEGER (1961) an Hand von Harnischrillungsmaxima im Laaser Granodiorit ableitete und südsüdwestlich von Wellerswalde durch die Versetzung des östlichen Teils der positiven erdmagnetischen Anomalie von Böhla—Calbitz um einige hundert Meter nach Norden wiederzuerkennen glaubt. Die gute richtungsmäßige Übereinstimmung mit dem Verlauf des größeren Gradienten an der Nordwestflanke des Zentralmaximums würde diese Vorstellung unterstützen. Anzeichen einer stärkeren tektonischen Beanspruchung mehren sich im tiefsten Teil des erbohrten Melaphyrs, der übrigens im Gegensatz zu demjenigen von Ganzig nur eine geringe Suszeptibilität besitzt.

Die geologischerseits besonders interessierende Frage der nordwestlichen Fortsetzung der Hochlage eines ausreichend mächtigen Quarzporphyrs wurde durch die Ergebnisse der geoelektrischen Untersuchungen in Verbindung mit der Bohrung 2/61 beantwortet. Bereits wenig nordwestlich des Steinbruchs erfolgt eine rasche Zunahme der jüngeren Lockermassen, die in der genannten Bohrung auf mehr als 30 m anschwellen. Infolge des Ansteigens der Basis des Rochlitzer Quarzporphyrs zum Nordsächsischen Sattel hin und durch die in gleicher Richtung zunehmende pleistozäne Erosion verliert die Porphyrdecke rasch an Mächtigkeit. Die geologischen Veränderungen geben sich in einem Typenwechsel der geoelektrischen Sondierungen zu erkennen.

Prinzip der Vorratsabgrenzung

Neben Verbreitung und Qualität des Quarzporphyrs sowie der Grundkonzeption für die Abbautechnik nimmt die Abraummächtigkeit über dem brauchbaren Quarzporphyr die Schlüsselstellung bei der Vorratsabgrenzung ein. Es war daher von entscheidender Bedeutung, daß der Vergleich zwischen den Ergebnissen der geoelektrischen Widerstandskartierung und den Tiefensondierungen einerseits sowie den Ergebnissen der Schürfe und Kernbohrungen andererseits Möglichkeiten zu allgemeinen Schlußfolgerungen eröffnete: Zonen unterschiedlicher elektrischer Leitfähigkeit zeichnen hier generelle Unterschiede in den Mächtigkeiten des Abraums (eiszeitliche Lockermassen und Porphyrzersatz) ab.

Gestützt auf die Ergebnisse der geoelektrischen Tiefensondierungen sowie der Schürfe und Kernbohrungen konnte die bei der Widerstandskartierung erhaltene Isolinie für 100 Ohmmeter als kennzeichnend für den Bereich bewertet werden, in dem die Abraummächtigkeit erheblich über 10 m anzusteigen beginnt. Diese Isolinie wurde daher meist unmittelbar für die Grenzziehung zwischen Bilanz- und Außerbilanzvorräten benutzt. Das kommt z. B. im südlichen Teil der Abb. 4 an der Grenze zwischen C_1- und c_1-Vorräten zum Ausdruck. Ohne diese Stützung, d. h. nur mit den Schürf- und Kernbohrergebnissen, hätte die dann zwangsläufig anzuwendende lineare Interpolation der Abraummächtigkeiten zwischen den Aufschlüssen zu einem wesentlich anderen und zweifelsohne ungenaueren Vorratsbild geführt, in dem alle Vorräte zumindest um eine Klasse tiefer hätten eingestuft werden müssen.

5. Schlußfolgerungen

Geophysikalische Methodik

Die Anwendung geophysikalischer Hilfsmittel (Geoelektrik, Erdmagnetik, Nahseismik) bei der Erkundung auf dem Gebiet „Steine und Erden" weist zur Zeit noch einen relativ geringen Umfang auf. Hierbei mag die Überlegung eine wichtige Rolle spielen, daß Bohrungen zwecks Bemusterung und petrographisch-technologischer Prüfung des Bohrgutes ohnehin notwendig sind. Es kann keineswegs die Aufgabe der Angewandten Geophysik sein, bei diesen Fragen entscheidend mitzuwirken. Die Bedeutung eines geophysikalischen Beitrages liegt vielmehr darin, dem Objektgeologen in einem möglichst frühen Stadium der Erkundung wichtige Hinweise zu geben, da sich aus dem geophysikalischen Bild nicht selten eine Änderung der Untergrundverhältnisse andeutet, die für die geologischen Erkundungsmaßnahmen wichtig sein kann. Das geophysikalische Ergebnis vermag je nach Problemstellung und geologischem Aufbau des Gebietes auch Angaben zu vermitteln, die sich auf Abraummächtigkeiten, auf die Abgrenzung einer Lagerstätte sowie auf deren Mächtigkeit beziehen. Dabei hat sich immer wieder bestätigt, daß der Wert geophysikalischer Untersuchungen nicht darin liegt, möglichst genaue Meterangaben zu erzielen, sondern die Unterschiede in verschiedenen Abschnitten des Erkundungsraums qualitativ zu erfassen und so einen Baustein zur geologischen Konzeption zu liefern.

Es ist verständlich, daß nicht alle geologisch interessierenden Fragen bei Steine-und-Erden-Objekten auf geophysikalischem Wege beantwortet werden können. Ein Erfolg hängt immer davon ab, inwieweit zwischen

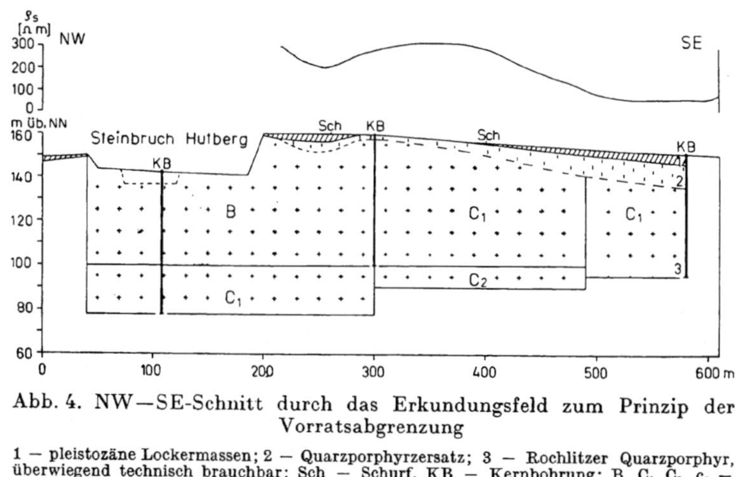

Abb. 4. NW—SE-Schnitt durch das Erkundungsfeld zum Prinzip der Vorratsabgrenzung

1 — pleistozäne Lockermassen; 2 — Quarzporphyrzersatz; 3 — Rochlitzer Quarzporphyr, überwiegend technisch brauchbar; Sch — Schurf, KB — Kernbohrung; B, C_1, C_2, c_1 — Vorratsklassen. (Der Block von 500 m bis 600 m ist c_1 — Vorrat)

dem Material der Lagerstätte, dem Nebengestein und der Bedeckung ausreichende petrophysikalische Unterschiede bestehen. Dabei kommt es neben anderen Fragen auch auf die Ausbildung der Kontakte an. Allmähliche Übergänge von einem Gestein zum anderen bilden ein erhebliches Hindernis für die geophysikalische Ableitung der Tiefenlage bestimmter Gesteinsgrenzen. So bereitet es zur Zeit noch Schwierigkeiten, mit der für die geologische Praxis erforderlichen Genauigkeit die Mächtigkeit einer von Lockersedimenten verhüllten Vergrusungszone im Hangendbereich eines Porphyrs oder anderer, zu dieser Verwitterungsform neigender Gesteine anzugeben.

Abb. 5. Steinbruch Hutberg bei Oschatz, Ostwand, Höhe 12 m, Rochlitzer Quarzporphyr (Foto: BÖHME 1961)

Wirtschaftliche Beurteilung der kombinierten Erkundung

Die sachliche Zweckmäßigkeit der Kombination geoelektrischer Messungen mit Kernbohrungen zum Nachweis der Abraummächtigkeit über einem Quarzporphyr als Nutzgestein wurde im Abschnitt 4 nachgewiesen. Hinsichtlich der ökonomischen Verhältnisse kann bisher ebenfalls nur das Erkundungsfeld bei Oschatz herangezogen werden.

Der Nachweis der wirtschaftlichen Zweckmäßigkeit soll durch einen Kostenvergleich zwischen geoelektrischen Messungen und Abraumkernbohrungen versucht werden. Unter Abraumkernbohrungen werden Kernbohrungen verstanden, welche den Abraum durchbohren und nur so weit in den nutzbaren Quarzporphyr eindringen, daß die Oberfläche des kompakten brauchbaren Gesteins als sicher nachgewiesen gelten kann. Mit dem gleichen Kostenaufwand, der für geoelektrische Kartierung und Tiefensondierungen auf einer Fläche von 56 ha entstand, hätten günstigenfalls nur 8 Abraumkernbohrungen mit durchschnittlich 10 m Endteufe durchgeführt werden können, d. h. eine Bohrung für 7 ha. Das entspräche auf einer angenommenen, nahezu quadratischen Gesamtfläche von 56 ha rund 250 m Bohrlochabstand. Die Punktdichte der geoelektrischen Widerstandskartierung (Profilabstand 50 bis 100 m, Punktabstand 10 m) ermöglichte dagegen die Konstruktion der Isoohmen. Ferner liegen die wichtigen Ergebnisse der in die Kosten einbegriffenen geoelektrischen Tiefensondierungen vor.

Dieser Vergleich zeigt, daß unter den vorliegenden geologischen Verhältnissen mit geophysikalischen Untersuchungsmitteln billiger gearbeitet werden konnte als mit Abraumkernbohrungen. Das Ergebnis kann jedoch nicht sofort für sämtliche Erkundungsvorhaben von Natursteinen verallgemeinert werden; wie im folgenden Abschnitt gezeigt werden soll, ist ein anderer Weg zu empfehlen.

Vorschläge für zukünftige Arbeiten

Nach den Erkundungsarbeiten auf Quarzporphyr bei Oschatz wurden in den vergangenen zwei Jahren weitere Erfahrungen gesammelt, die in das folgende Erkundungsschema ohne ausführliche Erläuterungen mit aufgenommen worden sind. Wichtigster Teil dieses Schemas soll hier die Stellung der geophysikalischen Mitarbeit sein, während andere Fragen einer späteren Veröffentlichung vorbehalten bleiben.

Voruntersuchungen

Auswahl eines höffigen Gebietes nach geologischen Karten, Archivunterlagen, Aufschlußbeobachtungen usw. bei Berücksichtigung der Transportverhältnisse und anderer technischer Belange.

1. Erkundungsstadium

a) Arbeitsprogramm: Weitmaschiges Netz (ca. 150 bis 250 m) von Abraumbohrungen, kombiniert mit Schürfen, oder Abraumkernbohrungen allein.

Hauptergebnis: Ausscheiden der Flächen mit mächtigerem Abraum als zulässig. Grundlegende Kenntnisse über Schichtenfolge.

b) Arbeitsprogramm: Geoelektrische Testsondierungen, Auswertung zusammen mit den Bohr- und Schurfergebnissen.

Hauptergebnis: Entscheidung über Zweckmäßigkeit weiterer geophysikalischer Arbeiten.

2. Erkundungsstadium

a) Arbeitsprogramm: Geoelektrische Widerstandskartierung und -sondierungen im eingeengten Gebiet oder Verdichtung des Bohrnetzes (Abraumkernbohrungen) bis 100 m bzw. 50 m Bohrlochabstand.

Hauptergebnis: Dichtes Netz der Kenntnisse über die Abraummächtigkeit (Lockermassen und Felszersatz).

b) Arbeitsprogramm: Kernbohrungen bis in die geplante Abbautiefe und etwas darüber hinaus.

Hauptergebnis: Nachweis der Mächtigkeit und der Qualität des Nutzgesteins sowie Klärung der Lagerstättenperspektive (spätere Vertiefung des Bruches).

Aus diesem Schema ist ersichtlich, daß eine Gliederung der Erkundung in Stadien bzw. Etappen unbedingt erforderlich ist. Ein ausreichender Zeitraum muß vor allem zwischen dem 1. und 2. Erkundungsstadium liegen, da in dieser Zeit die geophysikalischen Testarbeiten ausgewertet werden müssen. Auf Grund der Ergebnisse ist dann zu entscheiden, ob im 2. Stadium die Verdichtung des Netzes für die Abraumkenntnisse mit geophysikalischen Messungen oder nur mit Abraumkernbohrungen zu erreichen ist. In ökonomischer Hinsicht liegt der Vorteil eindeutig bei den geophysikalischen Messungen. Deren Anwendbarkeit muß jedoch vorher für jeden speziellen geologischen Fall bewiesen werden.

Andere Erkundungsarbeiten, z. B. die Abraumbohrungen im 1. Stadium oder die tiefen Kernbohrungen im 2. Stadium, können dagegen durch geophysikalische Messungen nicht ersetzt werden.

Zusammenfassung

Es wird über Erfahrungen bei einer Natursteinerkundung berichtet, in deren Verlauf erstmalig für Nordwestsachsen geophysikalische Messungen mit Kernbohrungen kombiniert angesetzt worden sind. Nach einem Abriß der geologischen Situation folgen Angaben über Umfang und Verlauf der Erkundungsarbeiten. Auf Grund der Erkundungsergebnisse sind positive Schlußfolgerungen mit allgemeiner Bedeutung für die Natursteinerkundung hinsichtlich der geophysikalischen Methodik sowie der sachlichen und wirtschaftlichen Zweckmäßigkeit der Kombination geophysikalischer Messungen mit Kernbohrungen möglich.

Резюме

Сообщается опыт при разведке природных камней, в течение которой впервые в Северозападной Саксонии были заложены колонковые бурения в сочетании с геофизическими измерениями. После очерка геологической обстановки сообщаются данные о размере и ходе разведочных работ. Результаты разведки позволяют сделать положительные выводы с общим значением для разведки природных камней в отношении геофизической методики, а также правильной и экономической целесообразности сочетания геофизических измерений с колонковым бурением.

Summary

An account is given of experiences made for the first time in Northwest Saxony with combined geophysical measurements and core drillings in the reconnaissance of natural stones. Informations about the scope and progress of the works are preceded by a short survey of the geological situation. The results enable positive conclusions of general importance to the reconnaissance of natural stones on the geophysical technique, as well as the material and economic suitability of combined geophysical measurements and core drillings.

Literatur

BÖHME, P.: Ergebnisbericht über die Erkundungsarbeiten auf Quarzporphyr bei Oschatz, Bez. Leipzig, im Jahre 1960. — Unveröff. Bericht, Archiv d. VEB Geol. Erkundung Süd, Freiberg/Sa., 1961.

FRÖHLICH, L.: Abschlußbericht über geoelektrische Untersuchungen im Gebiet Hutberg bei Oschatz. — Unveröff. Bericht, Unterlagenzentrale des VEB Geophysik, Leipzig 1960.

GRAHMANN, R.: Geolog. Karte von Sachsen i. M. 1:25000. Blatt Oschatz—Wellerswalde mit Erläuterungen, Nr. 15. — 2. Auflage, Leipzig 1927.

JAEGER, W.: Die petrographisch-tektonischen Verhältnisse im Gebiet zwischen Strehla und Leisnitz sowie die Beziehungen zur Großenhainer Gneiszone. — Unveröff. Dipl.-Arb., Bergakademie Freiberg, 1961.

PIETZSCH, K.: Geologie von Sachsen. — VEB Deutscher Verlag der Wissenschaften, Berlin 1962.

SÄRCHINGER, H.: Geoelektrische Untersuchungen (Ergänzung 1961) im Gebiet Hutberg bei Oschatz. — Unveröff. Bericht, Unterlagenzentrale des VEB Geophysik, Leipzig 1963.

SIEGERT, TH.: Geolog. Karte von Sachsen i. M. 1:25000. Blatt Oschatz—Mügeln mit Erläuterungen, Nr. 30. — 2. Auflage, Leipzig 1908.

WETTIG, E.: Das Rotliegende der nordwestsächsischen Mulde unter Berücksichtigung der Tiefbohrergebnisse von Saalhausen—Kreischa. — Z. dtsch. geol. Ges., 79, Berlin 1928.

Technisch-ökonomische Kennziffern für geologische Bohrungen[1]

ERICH LEWIEN & HEINZ TREPPSCHUH, Berlin

(Mitteilung aus dem Zentralen Geologischen Institut, Berlin)

Die Zuverlässigkeit der Planung und Projektierung geologischer Arbeiten, die Ermittlung von Kosten und Preisen sowie eine leistungsgerechte Entlohnung hängen von der Qualität der verwendeten technisch-ökonomischen Kennziffern ab.

Zur Verwirklichung einer hohen Wirtschaftlichkeit der Bohrarbeiten ist deshalb die Ermittlung von wissenschaftlich begründeten Kennziffern für die vielen sich ständig wiederholenden Arbeiten und Arbeitsgänge für die Zwecke der Planung, Projektierung, Arbeitsnormung, Preisbildung und des Materialverbrauchs dringend erforderlich. Mit der Ausarbeitung eines die Belange der VVB Feste Minerale umfassenden einheitlichen und verbindlichen Kennziffernkatalogs wurde das Zentrale Geologische Institut als wissenschaftlich-technisches Zentrum der VVB beauftragt.

Aus Gründen der Bearbeitungskapazität erwies es sich als notwendig, das Schwergewicht auf den Bohrvorgang im engeren Sinne (Arbeit des Werkzeugs auf der Sohle und Werkzeugein- und -ausbau) zu legen, da diese Arbeit 50 bis 80% der Gesamtbohrzeit umfaßt. Die weiteren produktiven Arbeiten und Nebenarbeiten mußten gegenüber dem Gewicht der Bohrarbeit zunächst zurückgestellt werden.

Die bisher in den Betrieben der VVB Feste Minerale verwendeten Kennziffern stellen als VAN (Vorläufige Arbeitsnormen) des ehemaligen VEB Geologische Bohrungen Zerbst Vorgabezeiten, bezogen auf stratigraphische Horizonte, dar. In vielen Fällen sind sie noch regional nach Bohrgebieten gegliedert und zum Teil durch zusätzliche Angaben zur Bohrbarkeit, wie Klüftigkeit, Verfestigungsgrad usw., ergänzt. Die durch Auswertung der zur Arbeitsnormung durchgeführten Messungen erhaltenen Kennziffern waren deshalb nur innerhalb eng begrenzter Gebiete anwendbar. Einige der VAN enthielten zudem noch willkürliche Zuschläge z. B. für Leistungsminderung beim Übergang in neue Bohrfelder.

Die Nachteile solcher begrenzt gültigen Kennziffern sind allgemein offensichtlich und von BOEHM (1962) und von den Verf. (1963) ausführlich dargestellt. Ihre geringe Aussagesicherheit hat zur Folge, daß die darauf beruhende Kalkulation des Zeit- und Kostenbedarfes ungenau ausfällt sowie eine leistungsgerechte Entlohnung nicht möglich ist.

[1]) Eingang des Manuskripts in der Redaktion: 16. 2. 1963

Gesteinsliste

Zur Lösung der gestellten Aufgabe war es notwendig, als ersten Schritt eine einheitliche Bezugsbasis für alle solche Kennziffern zu schaffen, die von den Eigenschaften der Gesteine abhängig sind. Hierher gehören neben der Bohrbarkeit noch die Bohrmarschlänge, Bohrwerkzeugverschleiß, Kernfähigkeit u. a. m.

Von einem Arbeitskreis, dem Projektanten, Normbearbeiter und Geologen der Erkundungsbetriebe angehören, wurde eine Gesteinsliste für technisch-ökonomische Zwecke aufgestellt. Diese soll als Fachbereichsstandard die Grundlage für einen Katalog der von den Gesteinseigenschaften (z. B. Bohrbarkeit) abhängigen Kennziffern bilden. Für sie gilt:

1. Sie muß alle im Bohrfeld vorkommenden Gesteine von praktischer Bedeutung umfassen.

2. Es werden nur solche Gesteinsbezeichnungen verwendet, die sich makroskopisch im Bohrfelde festlegen lassen.

3. Es werden nur petrographische Merkmale zur Gesteinsbezeichnung verwendet. Stratigraphische und regionale Angaben sind unzulässig.

4. Der Anwendungsbereich der Gesteinsliste ist auf technisch-ökonomische Zwecke beschränkt (technisch-ökonomische Projektierung, Normung, Kosten- und Preisermittlung). Sie gilt nicht für die Zwecke der geologischen Dokumentation.

5. Für die unter 4. genannten Aufgaben sind die Bezeichnungen der Fachbereichsstandard-Gesteinsliste verbindlich. Die Verwendung anderer Bezeichnungen ist ohne Genehmigung — Nachtrag zum Standard — durch den Leiter der Staatlichen Geologischen Kommission unzulässig.

Zur Erleichterung des Gebrauchs ist die Liste in sechs Stufen nach steigender Härte eingeteilt und jede Stufe in sedimentäre, magmatische und metamorphe Gesteine gegliedert. Es muß aber ausdrücklich darauf hingewiesen werden, daß diese Anordnung keine neue „Gesteins- oder Bohrfähigkeitsklassifikation" darstellt. Während bei einer Klassifikation allen Gesteinen einer Klasse eine gemeinsame Kennziffer, ein Durchschnittswert, zugeordnet wird, von der die tatsächliche Bohrbarkeit der einzelnen Gesteine je nach der Feinstufigkeit der Klassifikation abweicht, soll in den vorgesehenen Katalogen für jedes einzelne Gestein die jeweilig hierfür besonders ermittelte Kennziffer angegeben werden.

Kennziffernkataloge

Bei dem gegenwärtig vorliegenden Material ist dieser Grundsatz noch nicht ganz zu verwirklichen.

Ausreichend begründete Kennziffern für das Bohren liegen bisher für etwa ein Drittel der in der Liste aufgeführten Gesteine vor. Da es sich hierbei vor allem um die Gesteine handelt, die mengenmäßig am stärksten beim Aufbau der zu durchteufenden Schichten vertreten sind, liegen Kennziffern für etwa 75% der zu teufenden Bohrmeter vor.

Die Vorarbeiten für die Erweiterung des Kataloges werden in Gemeinschaftsarbeit der Erkundungsbetriebe durch den Arbeitskreis planmäßig durchgeführt. Bis zur Vervollständigung des Katalogs sind bei fehlenden spezifischen Angaben vorübergehend Durchschnittswerte anzuwenden.

Katalog der Bohrbarkeit der Gesteine

Als Meßwert für die Bohrbarkeit wird die Zeit in Minuten angegeben, in der das Bohrwerkzeug in dem betreffenden Gestein einen Meter Vortrieb macht.

Die Grundlage dieser Kennziffern stellen Bohrfortschrittsmessungen dar, die nach exakten Arbeitsplatzanalysen (Festlegung der angewandten Technologie und des Arbeitsablaufs) möglichst über eine große Zahl von Arbeitsgebieten erfolgen. Nach Aufbereitung der Meßergebnisse (Ausschalten von extremen Werten, sog. Ausreißern) wird ein Durchschnittswert erhalten, dessen Aussagesicherheit im wesentlichen von der Breite der Meßergebnisse und der Anzahl der Kollektive, deren Arbeitsergebnisse ausgewertet wurden, abhängt. Gegenwärtig werden derartige durch Arbeitsplatzanalysen und Arbeitszeitmessungen gewonnenen Angaben im wesentlichen für die Aufstellung von Arbeitsnormen benutzt.

Die Ergebnisse von Messungen des Bohrfortschritts, die beim Bohren gleichartiger Gesteine in verschiedenen Gebieten erzielt wurden, zeigen häufig bei einem Vergleich derartiger Abweichungen, daß Zweifel an der Möglichkeit jeder Übertragbarkeit der Kennziffern von Gebiet zu Gebiet bestehen.

Die Analyse der Ergebnisse der Bohrfortschrittsmessungen in verschiedenen Bohrfeldern ergab (LEWIEN & TREPPSCHUH 1963), daß es doch möglich ist, eine ausreichende Aussagesicherheit zu erreichen, wenn die Bestimmung der Gesteine mit großer Sorgfalt erfolgt, die technologischen Bedingungen (Gerätetyp, Werkzeugart) berücksichtigt werden und eine ausreichend große Zahl von Einzelmeßergebnissen vorliegt.

Um die Frage nach der für eine zuverlässige Aussage erforderlichen Zahl von Meßergebnissen zu beantworten, sind die prozentualen Abweichungen der Durchschnittswerte (min/m) der einzelnen Meßreihen vom Gesamtdurchschnitt aller Messungen aus den verschiedensten Bohrfeldern in dem am besten untersuchten Gestein (Sandstein mit Schieferton in Wechsellagerung) in Abhängigkeit von der Zahl der Messungen (Bohrmärsche) aufgetragen (Abb. 1, Hartstiftkronen). Die aus 95, 97, 102, 230 und 271 Einzelmessungen zusammengesetzten Meßreihen haben praktisch den gleichen Durchschnittswert. Mit abnehmender Größe der Meßreihen steigt die Abweichung, bei weniger als 10 Bohrmärschen übersteigt sie $\pm$ 50% des Durchschnitts.

Für die abseits liegenden drei Meßpunkte, die aus dem gleichen Bohrfeld stammen, konnte nicht geklärt werden, ob sie als „Ausreißer" auf Grund falscher Gesteinsansprache, abweichender Bohrtechnologie (z. B. fehlende Schwerstangen) oder Besonderheiten der Bohrzeitmessungen zu betrachten sind. Für Rollenmeißel ergaben sich völlig ähnliche Verhältnisse.

Es kann der Schluß gezogen werden, daß Meßreihen aus mindestens 100 Bohrmärschen repräsentative Durchschnittswerte ergeben und daß die in der Vergangenheit häufig festgestellten Unterschiede der Bohrbarkeit gleicher Gesteine aus verschiedenen Bohrfeldern das Resultat zu geringer Meßreihen waren.

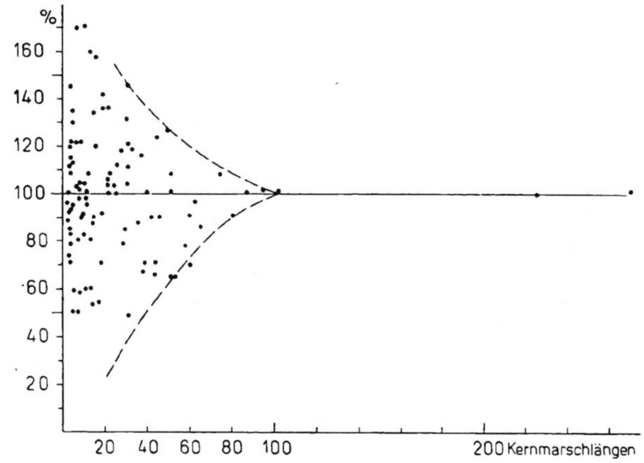

Abb. 1. Abweichung der Bohrfortschrittsmessungen (min/m) vom Gesamtdurchschnitt in Abhängigkeit von der Zahl der Bohrmärsche der einzelnen Meßreihen

Gestein: Sandstein mit Schieferton in Wechsellagerung
Werkzeug: Hartstiftkrone

Kennziffern für den Werkzeugein- und -ausbau

Die Zeit für den Werkzeugein- und -ausbau, kurz Werkzeugwechsel, ist abhängig von den Einrichtungen der Bohranlage (Hebewerk und Gestängezuglänge), der Teufe und der Meißel- und Kernmarschlänge.

Als Grundlage für die Ermittlung von Kennziffern stehen gegenwärtig die VAN des VEB Geologische Bohrungen Zerbst zur Verfügung, die als Arbeitsnormen außer den obengenannten Faktoren noch die durch unterschiedliche Arbeitsplatzeinrichtungen der Bohranlagen bedingte manuelle Arbeit sowie Zuschläge für Wartung und für die Entspannung der Bohrmannschaft berücksichtigen müssen.

Um die Berechnung des Zeitbedarfs für den Werkzeugwechsel zu vereinfachen, der bei gegebenem Gerät von zwei Veränderlichen — Teufe und Bohrmarschlänge — abhängt, wurden folgende Arbeitsmittel geschaffen: Nomogramme für Werkzeugwechsel, Katalog der Bohr- und Kernmarschlängen.

Nomogramme für den Werkzeugwechsel

Zur Feststellung des Zeitbedarfs für einmaligen Aus- und Einbau, z. B. für das Ziehen von Kontrollkernen, wurde unter Benutzung der VAN für Werkzeugwechsel die erforderliche Zeit in Abhängigkeit von der jeweiligen Teufe aufgetragen (Abb. 2). Die Unstetigkeiten der Kennlinien B sind auf die unterschiedlichen Übersetzungsverhältnisse der verschiedenen Gänge des Hebewerkes zurückzuführen.

Es wäre möglich, aber äußerst zeitraubend, Marsch für Marsch den Zeitbedarf für die ganze Bohrung mit diesem Hilfsmittel festzustellen und die Einzeldaten zu addieren.

In sogenannten Zeitsummenkurven (Kennlinien A) wurde für die wichtigsten Graeliusgeräte (KAM 500 K, Sif 650, Sif 1200, C 1500) unter der Annahme, daß der Werkzeugwechsel alle Meter erfolgt, die Addition der Einzelwerte vorweggenommen. Der tatsächliche Zeitbedarf ergibt sich durch Division des abgelesenen Zeitbedarfs durch die projektierte Länge des Bohrmarsches. Für den praktischen Gebrauch sind die Nomogramme im Format DIN A 2 auf Millimeterpapier ausgeführt.

Beispiel für die Anwendung des Nomogramms Werkzeugwechsel:

0—200 m	nach Standrohrsetzen, Bohren ohne Kerngewinn (Rollenmeißel), WW alle 20 m
200—400 m	Rollen mit Ziehen eines Kontrollkernes, alle 50 m und WW alle 20 m
400—500 m	Kernen 100%, Kernmarschlänge 3 m (s. Abb. 2)

Teufenbereich

0—200 m

Zeit für WW lt. Nomogramm A/RM	= 23000′
Faktor für WW alle 20 m = 1/20	= 0,05
Zeit für WW = 23000 · 0,05	= 1150 min

200—400 m

Zeit lt. Nomogramm A/RM (60000—23000)	= 37000′
Faktor für WW alle 20 m = 1/20	= 0,05
Zeit für WW = 37000 · 0,05	= 1850 min
Zeit für Kernen alle 50 m n. Nomogramm B/HK	
bei 200 m = 106 min	
„ 250 m = 119 „	
„ 300 m = 132 „	
„ 350 m = 145 „	
„ 400 m = 158 „	
Sa. 1500 m = 660 min	660 min

400—500 m

Zeit lt. Nomogramm A/HK (64000—44000)	= 20000′
Faktor für WW alle 3 m = 1/3	= 0,33
Zeit für WW = 30000 · 0,33	= 6600 min
Summe	= 10260 min

Zeit für Werkzeugwechsel = rund 7,1 Tage

Katalog der Meißel- und Kernmarschlängen

Dieser Katalog wurde ebenfalls durch Auswertung der für die Zwecke der Arbeitsnormung vorgenommenen Bohrfortschrittsmessung erhalten. Die Kennziffern stellen also erfahrungsstatistische Mittelwerte dar. Über ihre Aussagesicherheit gilt das für die Bohrbarkeit Gesagte.

Die Kennzahlen für die Bohrmarschlänge für Meißel- und Kernbohrungen werden zur Projektierung der Zeiten für den Werkzeugwechsel mit Hilfe der im vorigen Abschnitt beschriebenen Nomogramme verwendet.

Um die Zuverlässigkeit einer Projektierung nach der vorgeschlagenen Methode zu untersuchen, wurden die danach ermittelten Ergebnisse (projektierte Zeit) mit dem tatsächlichen Zeitaufwand für die niedergebrachte Bohrung und mit den Zeiten der betrieblichen Projektierung verglichen (s. Tabelle).

Der Vergleich zeigt, daß die Zeitkalkulation mit Hilfe der Projektierungshilfsmittel — Nomogramme und Kennziffernkataloge — durchaus befriedigende Ergebnisse liefert.

Tabelle

Bohrung	Zeit laut Betriebsprojekt	Zeit – Ist	Zeit laut Nomogramm und Kennziffernkatalog
1	2	3	4
A Kartierung	150	100	95
B Kartierung	191	100	110
C Kupfer	114	100	95
D Kupfer	91	100	98

Anwendungsmöglichkeiten für die Kennziffernkataloge

Der ursprünglich beabsichtigte Verwendungszweck, die Zeitkalkulation für die technisch-ökonomische Projektierung, ist bereits ausreichend behandelt.

Zur Rationalisierung der Zeitkalkulation wurde ein Formblatt verwendet, das den Arbeitsablauf wesentlich vereinfacht und die Schreibarbeiten weitgehend einschränkt. Versuche haben gezeigt, daß der Bearbeitungsaufwand bei der Zeitkalkulation gegenüber der bisherigen betrieblichen Methode um zwei Drittel gesenkt werden kann.

Zeitkalkulationen werden weiterhin für die Zwecke der Arbeitsnormung, der Kostenermittlung und u. U. auch der Preiskalkulation benötigt. Da für all diese Zwecke von den gleichen technisch-ökonomischen Kennziffern ausgegangen werden muß, kann die einmal angefertigte Berechnung in Form von Durchschlägen Verwendung für diese verschiedenen Zwecke finden.

Neben dem Vorteil, daß bei all diesen Arbeiten eine einheitliche Ausgangsbasis vorliegt, was bisher nicht gesichert war, ergibt sich eine weitere Einsparung an Bearbeitungszeit.

Zeitnormative und Besttechnologien

Die bisher vorliegenden Kennziffern des Katalogs sind Durchschnittswerte aus zahlreichen Messungen mit guten und schlechten Leistungen. Lediglich ausgesprochene Extremwerte, sogenannte Ausreißer, sind durch Aufbereitung der Meßdaten ausgesondert worden.

Bei ihrer Anwendung wird man also zu Ergebnissen gelangen, die im Durchschnitt unter normalen betrieblichen Bedingungen zu erwarten sind. Damit wird zwar bereits eine Verbesserung gegenüber dem bisherigen Zustand erreicht, für den umfassenden Aufbau und die Vollendung des Sozialismus in der DDR ist jedoch das erreichte Niveau der Arbeit nicht ausreichend. Entsprechend der Richtlinie des Ministerrats über die Entwicklung von Arbeitsproduktivität und Durchschnittslohn, über die neue Technik, über neue Normen und die Anwendung neuer Lohnformen im Jahre 1963 ist es erforderlich, daß man den gesellschaftlich notwendigen Zeitaufwand unter den Bedingungen der Neuen Technik, der fortgeschrittensten Technologien, der besten Arbeitsorganisation und einer hohen Qualifikation kennen muß und sich darauf orientiert, ihn zu erreichen.

Damit ist die Aufgabe gestellt, die Kennziffern auf der Basis von Durchschnittswerten durch Zeitnormative für den notwendigen Aufwand unter den obengenannten Bedingungen zu ersetzen. Zu ihrer Lösung ist die eingeschlagene Methode — die Auswertung betrieblicher Messungen — grundsätzlich geeignet, wenn sie in einer Hinsicht ergänzt wird: In die bisher vorgelegten Kennziffern sind alle Meßdaten, ungeachtet der technologischen Bedingungen, eingegangen, unter denen sie ermittelt wurden, z. B. der angewandten Meißeldrehzahl, Bohrdruck, Spülungsverhältnisse usw. Die Erfahrung lehrt aber, daß der beste Bohrfortschritt in einem Gestein bei ganz bestimmten Verhältnissen auf der Bohrlochsohle erreicht wird.

Es wird also für die künftige Ermittlung des Zeitaufwandes notwendig sein, die genannten technologischen Bedingungen mit zu erfassen und die Kenngrößen des technologischen Vorgangs zu bestimmen, bei denen der wirtschaftlichste Bohrfortschritt erreicht wird. Das Ergebnis muß ein Katalog der Besttechnologien sein, der für die einzelnen Gesteine (Gesteinsliste) die technologischen Daten (Druck, Drehzahl, Spülung usw.) für das produktivste Fertigungsverfahren angibt, unter dem die beste Bohrleistung erreicht wird. Die dazugehörigen Zeitnormative entsprechen dann dem gesellschaftlich notwendigen Zeitaufwand. Auf seiner Grundlage ist die technisch begründete Arbeitsnorm aufzubauen.

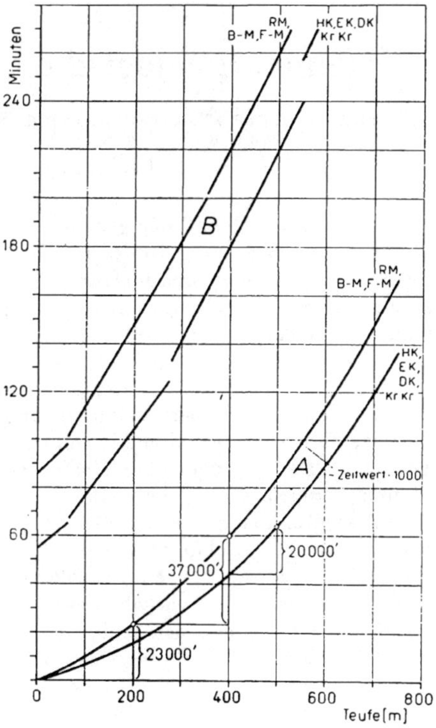

Abb. 2. Nomogramm für den Zeitbedarf für Werkzeugein- und -ausbau (Werkzeugwechsel). Gerätetyp KAM 500 K

Abkürzungen für Werkzeuge: B-M — B-Meißel; F-M — Fischschwanzmeißel; RM — Rollenmeißel; HK — Hartstiftkrone; EK — Einfachkernrohr; DK — Doppelkernrohr; KrKr — Kreuzkrone

Zusammenfassung

Als einheitliche Bezugsbasis für alle von den Gesteinseigenschaften abhängigen Kennziffern für geologische Bohrarbeiten ist eine „Gesteinsliste für technisch-ökonomische Zwecke" zur Bestätigung als Fachbereichstandard eingereicht.

Auf ihrer Grundlage sind Kataloge der Kennziffern für die Bohrbarkeit (Bohrfortschritt bei Einsatz verschiedener Werkzeugarten), Werkzeugein- und -ausbau, Meißel- und Kernmarschlänge aufgebaut, die als einheitliche Unterlage für Planung, Projektierung, Arbeitsnormung, Kosten- und Preisermittlung bestimmt sind.

Für die Umwandlung der gegenwärtig den betrieblichen Durchschnitt repräsentierenden Kennziffern in solche des gesellschaftlich notwendigen Aufwandes wird eine Weiterentwicklung der hier angewandten Methode vorgeschlagen.

Резюме

В качестве единой основы отнесения всех зависимых от свойств горных пород показателей для геологических буровых работ представляется ,,Список горных пород для технико-экономических целей" для утверждения как стандард.

На этой основе были составлены каталоги показателей для буримости (проходки при использовании различных видов инструментов), для спуско-подъемных работ, для длины долот и рейсов; эти каталоги имеют назначение единой основы для планирования, проектирования, нормирования работ, а также для установления стоимости и цен.

С целью превращения показателей, представляющих в настоящее время промысловое среднее, в показатели общественно необходимых затрат, предлагается дальнейшая разработка применяемого здесь метода.

Summary

A ,,list of rocks for technical-economic purposes" has been presented for confirmation as branch standard, and is designed to serve as a standard base of reference for all geological drilling indexes dependent on rock properties.

The list is the basis of catalogues containing indexes for ability to drilling (progress achieved in drilling when using different types of tools), mounting and dismounting of tools, and tool and core lengths. These are destined to serve as a standard base of planning and design work, normalization of works and determination of costs and prices.

It is suggested to improve the method applied when transforming indexes at present representing average operating values into such expressing socially necessary expenses.

Literatur

BOEHM, M.: Vorschlag zur Verbesserung der Arbeitsnormung für geologische Bohrungen. — Wissenschaftlich-Technischer Informationsdienst des ZGI, Heft 8, Berlin 1962.

LEWIEN, E., & H. TREPPSCHUH: Mitteilungen über den Stand der Arbeiten für einen Katalog technisch-ökonomischer Kennziffern für die Projektierung geologischer Bohrungen. — Wissenschaftlich-Technischer Informationsdienst des ZGI, Sonderheft 1, Berlin 1963.

Ingenieurgeologische Probleme beim Autobahnbau (Teil I)[1]

GERHARD KNOPP & ERWIN KURZWEIL, Berlin

(Mitteilung aus dem VEB Geologische Erkundung Nord, Arbeitsstelle Berlin)

Dem Projektanten auf Grund der geologischen Verhältnisse eines für die Bebauung vorgesehenen Gebiets brauchbare Hinweise für eine wirtschaftliche, den Baugrund berücksichtigende Projektgestaltung zu geben, ist Zweck der Ingenieurgeologie. Das Ziel einer jeden ingenieurgeologischen Begutachtung muß sein, aus den örtlichen Feststellungen, aus den Ergebnissen von Bohrungen und bodenphysikalischen Untersuchungen zu möglichst umfassenden bautechnischen Schlußfolgerungen zu gelangen. Die in ingenieurgeologischen Karten zusammengetragenen Angaben über die Baugrundverhältnisse größerer Flächen stellen meist einen guten Überblick über die Bebauungsmöglichkeiten bestimmter Gebiete dar. Spezielle ingenieurgeologische Untersuchungen für besondere Bauvorhaben werden im allgemeinen auch weiterhin eine bedeutsame Rolle spielen.

Im folgenden sollen die bei ingenieurgeologischen Begutachtungen vielfach auftretenden Probleme an zwei Objekten des Verkehrsbaus näher behandelt werden. Die nachstehenden diesbezüglichen Ausführungen erstrecken sich auf die im Jahre 1961 erfolgte Begutachtung über den geplanten Bau der Autobahn Berlin—Rostock im Bezirk Potsdam und ferner um die im Jahre 1962 vorgenommenen speziellen Untersuchungen auf der Autobahn Berliner Ring—Marienborn über die Ursachen der hier entstandenen starken Deckenschäden.

Untersuchungen über den geplanten Bau der Autobahn Berlin—Rostock im Bezirk Potsdam

Obwohl es sich bei der seinerzeit begutachteten Trasse der geplanten Autobahn Berlin—Rostock erst um das Stadium der Vorplanung handelte, konnten im Rahmen der Auswertung der Baugrundverhältnisse auf Grund von Bohrungen und bodenphysikalischen Untersuchungen bereits sehr gute Hinweise für die Objektausführung gegeben werden.

Geologische Verhältnisse im Bereich der geplanten Autobahn

Die vom Projektanten nach verschiedenen Gesichtspunkten (Erschließung des mecklenburgischen Raums unter Berücksichtigung vorhandener Straßen und Eisenbahnen sowie des Perspektivnetzes der Straßen und Autobahnen, Erschließung der für eine industrielle Nutzung vorgesehenen Gebiete usw.) festgelegte Trasse im Bezirk Potsdam durchzieht in einer Länge von etwa 90 km zwischen der nördlichen Bezirksgrenze (südlich des Plauer Sees) und dem noch nicht geschlossenen Teil des Berliner Autobahnrings ein Jungmoränengebiet, das vorwiegend dem Brandenburger Stadium angehört. Von dieser Bezirksgrenze aus verläuft die Trasse zunächst im Dossetal, das durch seine beckenartigen Erweiterungen bei Wulfersdorf und Wittstock gekennzeichnet ist. Hier treten Talsande und Tone, vielfach überdeckt von moorigen und anmoorigen Bildungen, auf. Die Trasse durchkreuzt dann die Ostausläufer der sogenannten Dahlhausener Hügel, einer kuppigen Endmoräne mit Hochflächensanden und Geschiebemergel, im weiteren Verlauf ein Sandergebiet, bei Fretzdorf und Rossow nochmals das Dossetal, das Talsande und innerhalb der eigentlichen Flußniederung auch Torf aufweist, sowie anschließend wiederum eine Sanderfläche. Westlich Neuruppin erreicht die Trasse das überwiegend aus Geschiebemergel bestehende Grundmoränengebiet der Ruppiner Platte. Das Gelände ist im Nordwestteil durch zahlreiche Rinnen, in denen moorige Ablagerungen anzutreffen sind, stark gegliedert. An die Ru-

[1]) Eingang des Manuskripts in der Redaktion: 26. 2. 1963

piner Platte schließt sich in südöstlicher Richtung als Teil des Eberswalder Urstromtals das Rhinluch (Torf von max. 1,70 m Mächtigkeit über Sand) und im Zuge des weiteren Trassenverlaufs die Hochfläche des „Bellin-Glin" an; im letztgenannten Bereich treten hauptsächlich Geschiebemergel, untergeordnet auch Abschlämmassen und Beckensande auf. Die Trasse der vorgesehenen Autobahn mündet bei Brieselang im Bereich des Berliner Urstromtals, in dem Talsande, Dünensande, moorige und anmoorige Bildungen auftreten, in die Trassenführung des hier noch nicht geschlossenen Berliner Autobahnrings ein.

Ingenieurgeologische Untersuchungen

Zur Erkundung der Baugrundverhältnisse im zukünftigen Autobahnbereich wurden im Zuge der Trasse etwa 450 Bohrungen von max. 15 m Teufe niedergebracht und mehr als 300 Lockergesteinsproben in der Hauptsache einer bodenphysikalischen Untersuchung[2]) über die Kornzusammensetzung (insbesondere über den Feinkornanteil $< 0,1$ mm), einer sehr wichtigen Methode zur Beurteilung der Lockergesteine als Baugrund und Baustoff, unterzogen. Diese bodenphysikalische Überprüfung der Lockergesteine wurde bei der geforderten Begutachtung für das Stadium der Vorplanung als ausreichend angesehen. — Die Baugrunduntersuchungen für die zu errichtenden Brückenbauwerke waren absprachegemäß von der ingenieurgeologischen Beurteilung der Trasse ausgenommen und dem VEB Baugrund übertragen worden.

Im Rahmen der ingenieurgeologischen Untersuchungen war beim Auftreten frostveränderlichen Baugrundes unterhalb des vorgesehenen Planums auf die Notwendigkeit von Frostschutzmaßnahmen einschließlich einer wirksamen Entwässerung des Autobahnkörpers in bestimmten Streckenabschnitten hingewiesen worden. Für die Beurteilung der Frostveränderlichkeit eines Lockergesteins fand nur die Kornzusammensetzung Berücksichtigung, obwohl bei der Frostveränderlichkeit eines Gesteins zweifellos auch noch andere Faktoren eine Rolle spielen. Es wurde ferner vorgeschlagen, für die hier vorgesehene Frostschutzschicht, die beim Nichteinbau einer Deckenunterlage in Form einer bituminösen Kiestragschicht auch als stabiles Traggerüst zu gelten hat, ein nichtbindiges, möglichst ungleichkörniges, also ein korngrößenmäßig besonders gut abgestuftes Material zu verwenden. Auch zu der Wahl der Böschungsneigung bei Einschnitten wurde Stellung genommen. Für gleichkörnige Sande sowie rutschsüchtige Lockergesteine bei geplanten tieferen Einschnitten und dort, wo mit der Möglichkeit eines sich aus dem Schichtenaufbau ergebenden Wasserzuflusses gerechnet werden kann, ist meist eine flachere Böschung als 1 : 1,5 vorgeschlagen worden. Auf Grund der durch die Bohrungen angetroffenen Gesteinsarten, deren Beschaffenheit allgemein bekannt ist, und in Anbetracht der hier festgestellten verhältnismäßig einfachen Lagerungsverhältnisse haben sich spezielle Untersuchungen über die Standsicherheit der Böschungen als nicht notwendig erwiesen. Für Streckenbereiche, in denen gleichkörnige verlagerungsempfindliche Sande in Planumshöhe und darunter auftreten, ist der Einbau einer durch Bindemittel verfestigten oder mechanisch stabilisierten Tragschicht empfohlen worden.

Die ingenieurgeologische Begutachtung erstreckte sich ferner auf die in den Niederungen, Rinnen und Senken im Zuge der Trasse angetroffenen baugrundmäßig nicht oder nur wenig tragfähigen holozänen Lockergesteine in Form von Moorerde, Torf, Faulschlamm, Wiesenkalk usw. Soweit hier für die Überquerung solcher Niederungsbereiche ein Aushub der genannten Bildungen mittels Greif- oder Saugbagger in Betracht zu ziehen war, wurden notwendigenfalls auf Grund durchgeführter Überprüfungen der Beschaffenheit, insbesondere der Konsistenz der betreffenden Lockergesteine, Angaben über den Umfang dieser durchzuführenden Baumaßnahmen gemacht. Auch auf andere für die Überquerung solcher Niederungsgebiete in Betracht kommende Verfahren wurde hingewiesen, so z. B. auf die Anwendbarkeit vertikaler Sanddränagen zur Verfestigung und Konsolidierung der weichen Lockergesteine, auf das Verfahren der sogenannten Moorverdrängung mit oder ohne Sprengung usw. Eine Festlegung auf bestimmte bautechnische Maßnahmen ist bei der genannten Begutachtung für das Stadium der Vorplanung unterblieben, da nur nach endgültiger Festlegung der Trasse auf Grund noch durchzuführender spezieller Baugrunduntersuchungen und unter Berücksichtigung anderer bautechnischer Faktoren das zweckmäßigste Verfahren zur Durchquerung eines bestimmten Niederungsgebiets ausgewählt werden kann.

Auch die hydrogeologischen Verhältnisse spielen bei der Gradientenführung eine wichtige Rolle. Daher ist bei der genannten Begutachtung für Streckenbereiche mit hohen Grundwasserständen im Baugrund oder mit starker Ansammlung von Oberflächenwasser die Notwendigkeit einer diese Faktoren berücksichtigenden Gradientenführung und einer Wegführung des Wassers vom Autobahnkörper herausgestellt worden. Auch die Möglichkeit eines Wasserzuflusses an bestimmten Stellen im Bereich künftiger Einschnitte ist, wie schon angedeutet, im ingenieurgeologischen Gutachten besonders hervorgehoben worden.

Der Baugrund im Autobahnbereich besteht im wesentlichen aus Geschiebemergel mit seinen Verwitterungsprodukten und aus Sanden unterschiedlicher Bildungsbedingungen und -zeiten. Auf diese Lockergesteine soll daher in geologischer und ingenieurgeologischer Hinsicht näher eingegangen werden.

Geschiebemergel

Der hier als Grundmoräne, stellenweise in Form von „Inseln", vorkommende Geschiebemergel bildet zu etwa 30% den Baugrund. Wie umfangreiche bodenphysikalische Untersuchungen gezeigt haben (bestätigt auch durch viele andere Untersuchungen), weist der aus verschiedenen, aber geologisch gleichaltrigen Räumen aus unterschiedlichen Tiefen stammende Geschiebemergel, abgesehen von Sand- und Kieseinlagerungen, trotz gewisser Schwankungen im großen ganzen eine gute Übereinstimmung in der Kornzusammensetzung auf. Aus nachstehender Tab. 1 sind die diesbezüglichen Feststellungen für den Geschiebemergel drei verschiedener Gebiete zusammengefaßt.

Nachstehende Tabellenübersicht zeigt ferner, daß der Geschiebemergel in allen drei genannten Gebieten eine

[2]) Die bodenphysikalische Untersuchung wurde vom Ingenieurgeologischen Laboratorium des Zentralen Geologischen Instituts durchgeführt.

Tab. 1. Bemerkenswert gute Übereinstimmung in der Kornzusammensetzung des Geschiebemergels drei verschiedener Räume. Kornfraktionen > 6,3 abgesiebt.
Aus den Tab. 1—3 sind die jeweiligen Streubereiche innerhalb der einzelnen Kornfraktionen (unter Weglassung extremer Einzelwerte) zu ersehen, während die in Klammern stehenden Zahlen Häufigkeitswerte darstellen.

	%-Anteile des Gewichtes der Gesamtproben					
	F < 0,002	Su 0,002 – 0,06	fS 00,6 – 0,2	mS 0,2 – 0,63	gS 0,63 – 2,0	fKi 2,0 – 6,3
Ruppiner Platte	6–14 (11)	19–27 (24)	35–42 (38)	17–26 (22)	6–8 (7)	1–2 (2)
Bellin-Glin	11–19 (12)	20–29 (26)	30–37 (35)	13–23 (20)	4–7 (6)	1–6 (3)
Westbarnim	12–17 (15)	18–25 (24)	38–45 (40)	15–25 (20)	5–6 (5)	1–2 (2)

stark sandige, vorwiegend feinsandige Ausbildung aufweist. Diese Tatsache ist auch durch viele andere Untersuchungen des dem Weichselglazial zugehörigen Geschiebemergels bestätigt worden.

Die sandige Ausbildung und auch die durch frühere Eisüberlagerungen erfolgte Vorbelastung verleihen dem Geschiebemergel im allgemeinen — auch in Böschungen — eine ziemlich hohe Standfestigkeit. Eine durch das Eis verursachte Stauchung und Durchknetung bewirken jedoch die Bildung von Harnischen und somit eine Rutschneigung im Gestein. Eine Beeinflussung der genannten Lockergesteine durch aktives Gletschereis ist nur dort erfolgt, wo durch Eisüberfahrungen oder oszillierende Eisbewegungen ein starker Eisdruck auf die eigene Grundmoräne oder auf ältere Ablagerungen stattgefunden hat. In Gebieten, in denen die jeweilig jüngste Grundmoräne dem Eisdruck nicht oder nur wenig ausgesetzt gewesen ist, kann es jedoch örtlich durch Austauen von Toteis zu sekundären Lagerungsstörungen gekommen sein. Solche, insbesondere in End- und Stauchmoränen auftretenden Lagerungsstörungen können eine Rutschneigung bewirken, ähnlich wie es bei den erwähnten glazigen beanspruchten Gesteinen im allgemeinen der Fall ist. — Die nach unterschiedlichen Methoden durchgeführten Untersuchungen über die Eismächtigkeit, aber auch die vorgenommenen diesbezüglichen bodenmechanischen Berechnungen haben infolge verschiedener nicht genau zu erfassender Faktoren zu voneinander stark abweichenden Werten geführt (Klengel 1961). Eine Überschätzung des durch die Eisbedeckung aufgetretenen Drucks hat verschiedentlich zu der Annahme geführt, der Geschiebemergel sei als Baugrund praktisch allen bautechnischen Anforderungen gewachsen, was ja auch im allgemeinen, besonders im Straßenbau zutreffend ist. Bei zu erwartender außergewöhnlicher Beanspruchung im Verkehrswesen müssen allerdings die unterhalb der Fahrbahnbefestigung befindlichen Lagen dieses bindigen Lockergesteins, die durch Witterungseinflüsse, insbesondere durch stark wechselnde Durchfrierungs- und Tauvorgänge meist eine Gefügeauflockerung und damit eine gewisse Beeinträchtigung ihrer Tragfähigkeit erfahren haben, wie auch die oberen Lagen der rolligen Lockergesteine hinsichtlich ihrer bautechnischen Eigenschaften durch Verdichtungsmaßnahmen verbessert werden.

Der sandige Geschiebemergel und seine Verwitterungsprodukte können bei Einschnitten erfahrungsgemäß eine Böschungsneigung von 1 : 1,5 erhalten. Bei verhältnismäßig hohem Schluff- oder Tonanteil, bei einem durch das Eis gekneteten oder gestauchten Gesteinsmaterial, einem erhöhten Wassergehalt des Gesteins, bei der Möglichkeit eines mehr oder weniger starken Wasseraustritts aus den Böschungen wird allerdings eine flachere Böschungsneigung zu wählen sein. Sollen Einschnitte in derartigem Gestein eine Tiefe von mehr als 5 m erhalten, so sind für die Wahl der Böschungsneigung meist bodenmechanische Untersuchungen und Berechnungen, insbesondere über die Scherfestigkeit des Gesteins, notwendig. Der Geschiebemergel mit dem größten Teil seiner Verwitterungsprodukte ist infolge seiner Schluff- und Tonanteile als frostveränderliches Lockergestein anzusehen.

Die für das Stadium der Vorplanung vorgenommene ingenieurgeologische Begutachtung der im Zuge der geplanten Autobahntrasse vorhandenen Geschiebemergelablagerungen beschränkte sich auf eine allgemeine Überprüfung der bautechnischen Eigenschaften dieser Lockergesteine (einschließlich Frostveränderlichkeit). Eine eingehendere Baugrundbeurteilung, wie beispielsweise eine Untersuchung über die Notwendigkeit einer Verdichtung der oberen Lagen der bindigen wie auch der nichtbindigen Lockergesteine (gemäß TGL 11482), soll später für das Grundprojekt erfolgen.

Sande

Bei den im Trassenbereich auftretenden Sanden handelt es sich um Hochflächen-, Sander-, Tal-, Becken- und Dünensande. Es bot sich also bei der ingenieurgeologischen Begutachtung die Möglichkeit, auch über die hier vorkommenden Sande Untersuchungen anzustellen. Bemerkt sei allerdings, daß hierfür vorwiegend nur linienhaft angeordnete Bohraufschlüsse zur Verfügung standen.

Die nur süd- und südwestlich Wittstock auftretenden Hochflächensande weisen nach der Tiefe zu hinsichtlich ihrer Korngröße und Kornabstufung merkliche Unterschiede auf. Im allgemeinen waren in den oberen Lagen ungleichkörnige fein- bis mittelkiesige Sande (Ungleichförmigkeitsgrad U 4,0 bis 13,5; Kiesanteil 13 bis 24%) anzutreffen, während darunter mehr gleichkörnige, schwach kiesige Sande (U 2,0 bis 2,7; Kiesanteil max. 11%) vorgefunden wurden. Die obere, etwa zwei Meter mächtige Sandschicht besitzt infolge ihrer größeren Ungleichkörnigkeit und ihres höheren Kieskornanteiles im Gegensatz zu den darunterliegenden Sandschichten besser abgestuften und daher stabileren Kornaufbau.

Ziemlich weitverbreitet in der Autobahntrasse sind auch die Sandersande. Sie müßten als Ablagerungen der Schmelzwässer vor dem Eisrand unter Ausnutzung eines vorhandenen Geländeabfalls bei ihrem Transport ins Gletschervorland eine Kornsortierung erfahren haben. Die diesbezüglichen Überprüfungen im Westteil der Wittstock—Ruppiner Heide im Zuge der hier von NW nach SE verlaufenden Autobahntrasse auf etwa 18 km Länge (Geländehöhe im NW 70 bis 72 m über NN, im SE etwa 60 m über NN) haben aber eine für Sandersande zu erwartende Kornsortierung nicht festgestellt. Dies zeigt nachstehende Tab. 2 über die Kornzusammensetzung der Sande im Trassenbereich innerhalb des Sandergebiets in horizontaler und vertikaler Erstreckung (von km 0,0 bis 6,0 und von 12,0 bis 18,0). Die Zweifel Solgers (1960) an der Richtigkeit der bisherigen Anschauungen über die Ablagerungsbedingungen vieler sogenannter Sandersande scheinen demnach berechtigt zu sein.

Die untersuchten Sandersande enthielten stellenweise, meist ab 2,00 m Tiefe, tonig-schluffige Einlagerungen

Tab. 2. Sandersande der Wittstock—Ruppiner Heide. Die hier im Zuge der Autobahntrasse auf 18 km Erstreckung untersuchten Sandproben zeigen keine bemerkenswerte Kornsortierung sowohl in horizontaler als auch in vertikaler Richtung. Zum Vergleich sind nur die ersten und die letzten 6 km herangezogen worden.

Sandersande km	Tiefe m	U	%-Anteile des Gewichtes der Gesamtproben					
			Su	fS	mS	gS	fKi	mKi
0—6	0,3—2,0	2,3—2,7	0—4 (2)	21—37 (25)	48—68 (60)	3—12 (7)	1—4 (3)	0—2 (2)
0—6	2,0—4,0	2,3—2,7	0—2 (1)	18—37 (22)	50—65 (62)	5—17 (12)	1—5 (3)	1—2 (1)
0—6	4,0—7,0	2,2—2,6	2—3 (3)	30—36 (33)	55—60 (57)	5—9 (5)	0—1 (1)	—
12—18	0,3—2,0	1,9—2,6	2—7 (3)	20—36 (25)	54—68 (59)	4—9 (7)	1—4 (2)	1—4 (3)
12—18	2,0—4,0	1,9—2,6	2—6 (3)	23—45 (26)	46—63 (54)	5—17 (7)	1—2 (2)	1
12—18	4,0—7,0	2,2—3,8	3—6 (5)	42—52 (46)	38—49 (44)	3—5 (4)	0—1 (1)	—

von 1,30 bis 2,50 m Schichtstärke (16 bis 19% Ton, 35 bis 40% Schluff). Auch dieser Befund dürfte mit den bisherigen Vorstellungen über Sandersande schwerlich in Einklang zu bringen sein.

Stark vertreten sind auch die Talsande. Über die Kornzusammensetzung dieser im künftigen Autobahnbereich angetroffenen Sande, sowohl des Berliner Urstromtals als auch des Dossetals, gibt Tab. 3 einen Überblick.

Sie zeigt, daß die Talsande des Dossetals im Gegensatz zu den Talsanden des Berliner Urstromtals weniger Feinsand enthalten, jedoch mehr Mittel- und Grobsand, untergeordnet auch Feinkies. Obwohl die Sande beider Untersuchungsräume als ziemlich gleichkörnig (U geringer als 4,5) gelten, sind sie doch auf Grund des verschiedenen Feinsandgehalts geotechnisch unterschiedlich zu bewerten. Der weitaus höhere Feinsandanteil der Talsande des Berliner Urstromtals bewirkt eine starke kapillare Saugwirkung und somit auch eine Wassersättigung dieser Sande über den Grundwasserspiegel hinaus. Verkehrserschütterungen können hier das Wasser sogar über den eigentlichen Kapillarsaum hinaus hochsaugen.

Becken- und Dünensande haben im geplanten Autobahnbereich nur eine geringe Verbreitung. Es liegen daher von ihnen nur sehr wenige Untersuchungsergebnisse vor, so daß von einer Einschätzung dieser Sande im Rahmen des vorliegenden Aufsatzes abgesehen wird.

Zu vorstehenden Ausführungen sei abschließend bemerkt, daß für die ingenieurgeologische Beurteilung sowohl der bindigen als auch der rolligen Lockergesteine genetische Gesichtspunkte zwar mitunter zu berücksichtigen sind, bodenphysikalische Faktoren aber im Vordergrund stehen.

Tab. 3. Kornzusammensetzung der im Zuge der untersuchten Autobahntrasse angetroffenen Talsande des Berliner Urstromtals und des Dossetals

Talsande	U	%-Anteile des Gewichtes der Gesamtproben					
		Su	fS	mS	gS	fKi	mKi
Berliner Urstromtal	2,1—2,7	1—5 (1)	42—76 (65)	12—57 (44)	0—2 (1)	—	—
Dossetal	1,9—4,5	1—7 (2)	12—31 (28)	38—67 (65)	2—21 (3;18)	1—4 (1;3)	0—1 (1)

Zusammenfassung

Verf. berichten über die ingenieurgeologische Begutachtung eines Teilabschnitts der geplanten Autobahn Berlin—Rostock. Neben der Auswertung der Ergebnisse von Bohrungen und bodenphysikalischen Untersuchungen für eine sich aus den Baugrundverhältnissen ergebende Projektgestaltung werden an den im Zuge der Autobahnstrecke häufig vorkommenden Lockergesteinen (Geschiebemergel und Sande) auf Grund der festgestellten Kornzusammensetzung über den Rahmen der eigentlichen Begutachtung hinausgehende geologische und ingenieurgeologische Betrachtungen angestellt.

Резюме

Авторы сообщают об инженерно-геологической экспертизе участка запланированной автострады Берлин—Росток. Наряду с использованием результатов бурения и почвенно-физических исследований для получающейся из условий строительного грунта разработки проекта, на основе установленного гранулометрического состава рыхлых отложений (валунных мергелей и песков), часто встречающихся на трассе автострады, докладывается о геологических и инженерно-геологических соображениях, превышающих пределы собственной экспертизы.

Summary

An account is given of the engineering-geological expertise of a section of the planned motor road Berlin—Rostock. In addition to an evaluation of drilling results and soil-physical investigations for a project design resulting from the soil conditions, geological and engineering-geological considerations are made going beyond the scope of the expertise proper and, on the basis of the grain size distribution ascertained, refer to loose materials (ground moraine material and sands) frequently occurring in the section.

Literatur

Frebold, G.: Einige geologische Besonderheiten der Reichsautobahn Hannover—Berlin. — Die Straße, 2. Oktoberheft (1935).

Klengel, J. K.: Beiträge zur Kenntnis des bodenphysikalischen Verhaltens pleistozäner Lockersteine unter Berücksichtigung der Bedeutung für die geologische und ingenieurgeologische Praxis. — Freib. Forsch.-H., C 104, 1961.

Knopp, G., D. Henkel & E. Kurzweil: Ingenieurgeologische Gutachten über den Bau der Autobahn Berlin—Rostock, Bezirksgrenze Potsdam/Schwerin—Berliner Ring, und über die Schließung des Berliner Autobahnringes. — Arch. Arbeitsst. Berlin, VEB Geol. Erk. Nord, Berlin 1961 (unveröff.).

Knopp, G. & E. Kurzweil: Ingenieurgeologische Gutachten über die Baugrundverhältnisse im Zuge der Autobahn Berliner Ring—Marienborn. — Arch. Arbeitsst. Berlin, VEB Geol. Erk. Nord, Berlin 1962 (unveröff.).

Siedek, P. & R. Voss: Die bodenmechanischen Vorarbeiten für Straßenbauten. — Werner-Verl. G. m. b. H., Düsseldorf 1957.

Solger, F.: Verlauf und Bildungsbedingungen der Endmoränen im Raume Brandenburg. — Ber. geol. Ges. DDR, 5, 3, 206—223, Berlin 1960.

Die geochemischen Verfahren der Erdölgeologie[1)]

Fortschrittsbericht und kritische Wertung

RUDOLF MEINHOLD, Freiberg

In den voraufgegangenen Fortschrittsberichten (MEINHOLD 1959, 1960) ist betont worden, daß die wissenschaftlichen Grundlagen der direkten geochemischen Erkundungsmethoden stärker erforscht werden müssen, um allgemeinen Nutzen daraus ziehen zu können. Diese Feststellung gilt noch immer, ein entscheidender Wandel ist noch nicht erkennbar. Im Augenblick scheinen sogar die pessimistischen Stimmen die optimistischen zu überwiegen, was auf den Fortschritt einer Methode natürlich von entscheidendem Einfluß ist. Andererseits haben sich die Bemühungen der Geochemiker immer mehr dem Gebiet der Erdölgenese und -akkumulation zugewandt, einem sicher nicht weniger wichtigen Gebiet, das mit der Erkundung in einem so direkten Zusammenhang steht, daß es bei einer kritischen Betrachtung nicht ausgelassen werden kann.

Allgemeiner Stand der geochemischen Erkundungsverfahren

Nach dem zweiten Weltkrieg haben die polnische, die tschechoslowakische und die ungarische Erdölerkundung, besonders unter dem Einfluß sowjetischer Erfahrungen, geochemische Methoden eingeführt, um möglichst schnell neue Lagerstätten zu erschließen.

Heute bezeichnet man die damalige Einführung als übereilt und wissenschaftlich schlecht begründet. Man ist geneigt, die Anwendung der Verfahren völlig einzustellen. Das war eigentlich der Grundtenor der III. Internationalen Geochemischen Konferenz in Budapest 1962. Aus dem von MICHALIČEK erstatteten Tätigkeitsbericht für die ČSSR war zu ersehen, daß seit Einführung der geochemischen Methoden (Bodengas- und Bitumenanalyse) 11 Strukturen bearbeitet wurden. Ergebnisse: Auf 3 Strukturen deckten sich die geochemischen Anomalien mit den Lagerstätten, von denen eine allerdings nur 10—50 m tief lag und sich unbedingt bemerkbar machen mußte. Über zwei Lagerstätten fanden sich stark verschobene Anomalien. Über drei bekannten Lagerstätten konnten Anomalien nicht gefunden werden, eine davon ist Gbely, die in geringer Tiefe liegt. In 3 Fällen wurden Anomalien festgestellt, denen im Untergrund keine Lagerstätten entsprechen. Es war in der ČSSR selbst bei genauer Kenntnis des geologischen Baus in den meisten Fällen unmöglich, die Anomalien zu deuten. Die Migration der Kohlenwasserstoffe auf Brüchen, die unterschiedliche Durchlässigkeit der Gesteine und die störenden Oberflächeneinflüsse verzerren und komplizieren die Indikationen so stark, daß von einer Direktmethode keine Rede mehr sein kann.

Die polnischen Erfahrungen gehen in die gleiche Richtung. Die Ergebnisse der Bitumenaufnahme, die Bestimmung des freien Schwefels und der Untersuchung von Oberflächenwässern lieferten im polnischen Tiefland keine deutbaren Ergebnisse. Besonders erwiesen sich Senken mit Anhäufungen von Pflanzendetritus und Braunkohlenflöze im Untergrund als große Störelemente (GŁOGOCZOWSKI & MITURA 1962). Andererseits aber ließen die Ergebnisse im Karpatenvorland eine deutliche Abhängigkeit aller geochemischen Anomalien von den Bruchzonen erkennen und erwiesen sich hier als nützlich (STRZETELSKI 1962).

In der ungarischen Erdölerkundung sind die geochemischen Verfahren (Bitumenanalyse, Gasaufnahme und andere Oberflächenmessungen) schon seit Jahren eingestellt, da sie nicht interpretierbar waren.

Demgegenüber konnten im Timan—Petschora-Gebiet bei 17 untersuchten Strukturen mit Gasanomalien durch nachfolgende Bohrungen 11 Lagerstätten nachgewiesen werden (KREMS u. a. 1959). Die Gesteinsproben wurden aus 2—3 m Tiefe entnommen und entgast. Ein gutes Beispiel ist auch aus der Sahara zu berichten (POMEYROL u. a. 1961). Hier konnten, weil die Vegetation fast völlig fehlt, die Gesteinsproben aus 0,5 bis 1 m Tiefe entnommen und bei teilweisem Vakuum extrahiert werden. Die gefundene Gasanomalie führte zur Entdeckung einer Lagerstätte.

Es liegen scheinbar widersprüchliche Erfahrungen vor, die sich aufklären, wenn man die geologischen Verhältnisse betrachtet. Die günstigen Ergebnisse wurden in Tafelgebieten erhalten oder dort, wo die geologischen Strukturen zu Tage ausgehen. Die Methoden versagen bei den Fällen, in denen ein dickes Paket diskordant überlagernder Sedimente die Strukturen verdeckt. Die Inhomogenität dieser Deckschichten mit verschiedenartigen, unregelmäßig verteilten Einlagerungen von organischem Material übt einen solchen Zerstreuungseffekt aus, daß eine Deutung nicht mehr möglich ist. Als ungünstig erwiesen sich auch Gebiete mit komplizierter Bruch- und Überschiebungstektonik; denn die Erfahrungen haben gezeigt, daß Bruchzonen bevorzugte Migrationswege für alle Stoffe sind, welche die gesuchten geochemischen Anomalien erzeugen. Je komplizierter der geologische Bau ist, desto mehr geologische Einzelheiten müssen bekannt sein, um geochemische Anomalien zu deuten. Infolgedessen setzt die Kenntnis des geologischen Baus die Grenzen für die Anwendung der Methode. Somit lautet die nächste Aufgabe, die Grenzen von den einfachen Strukturen immer näher an die komplizierteren heranzuschieben. Die Hauptaufgabe bleibt daher wie früher bestehen: eine genaue Untersuchung der Migrationsvorgänge.

Eine methodische Verbesserung bildet die Kombination von Gasaufnahme und mikrobiologischen Verfahren. MOGILEWSKIJ (1962) weist mit Recht auf die enge Wechselwirkung von Gasmigration und biologischer Tätigkeit hin. Im Boden, im Wasser und in den Gesteinen leben Kohlenwasserstoffoxydierer, welche die migrierenden Gase völlig aufzehren und so die Anomalien zum Verschwinden bringen können. Er zeigte an Beispielen, wie sich bei kräftiger Migration aus dem Untergrund Gas- und bakterielle Anomalien überdecken. Bei schlechten Diffusionsverhältnissen fallen aus den genannten Gründen die Gas- und bakteriellen Anomalien nicht mehr zusammen. Beide Methoden zusammen ermöglichen also wertvolle Aussagen.

Es hat sich weiterhin als methodische Verbesserung erwiesen, zur Aufnahme von Gasanomalien Kerne aus Bohrungen zu entnehmen und zu entgasen (JASENEW 1962). Diese Methode ist auch noch in anderer Richtung entwicklungsfähig. Schon MARESCH (1958) hatte auf die selektive Adsorption von KW[2)] hingewiesen, die sich als abhängig von der Entfernung zur Lagerstätte erwies. Zu genau dem gleichen Ergebnis kam auch JASENEW (1962). Die Untersuchungen zeigten aber auch, daß die laterale Migration wesentlich bedeutender ist als die vertikale. Dies ist für die Ausbildung von Anomalien von Wichtigkeit. So wird es verständlich, daß z. B. der Zerstreuungseffekt im deutschen und polnischen Tiefland so groß ist, daß über den Lagerstätten keine Anomalien entstehen können.

Weitere hoffnungsvolle Ergebnisse hat BORČANINOW (1962) mitgeteilt. Er fand nämlich, daß die γ-Strahlungskurven in fündigen und nichtfündigen Bohrungen zwar grundsätzlich die gleiche Form haben, aber in den nichtfündigen Bohrungen sind die Impulszahlen durchweg doppelt so hoch (Abb. 1). Der Effekt vermindert sich stark mit Annäherung an die Erdoberfläche. Der genannte Autor schlägt daher vor, die seismischen Schußbohrungen durchgehend mit Gammalog zu vermessen und die Strahlung in Tiefen von mehr als 2 m zu beobachten. Die Ergebnisse sind auch in weiterer Hinsicht interessant, da sie erneut zeigen, daß die radiometrischen Anomalien auf einem Migrationseffekt beruhen. Das gibt der radiometrischen Erdölerkundung, die bereits in Mißkredit gekommen war, neue Aspekte. Die Gehalte an radioaktiven Stoffen in Erdölen des Gebietes von Baku wurden

1) Eingang des Manuskripts in der Redaktion: 7. 1. 1963

2) KW = Kohlenwasserstoffe

von ALEKPEROW & EFENDIEW (1959) bestimmt. Sie fanden (in g pro kg Erdöl): $U = 10^{-7}$ bis $5 \cdot 10^{-5}$, $Ra = 1{,}2 \cdot 10^{-12}$ bis $4 \cdot 10^{-12}$, $Th = 8{,}0 \cdot 10^{-7}$ bis $3{,}5 \cdot 10^{-6}$ mit relativer Anreicherung in den Asphaltenen.

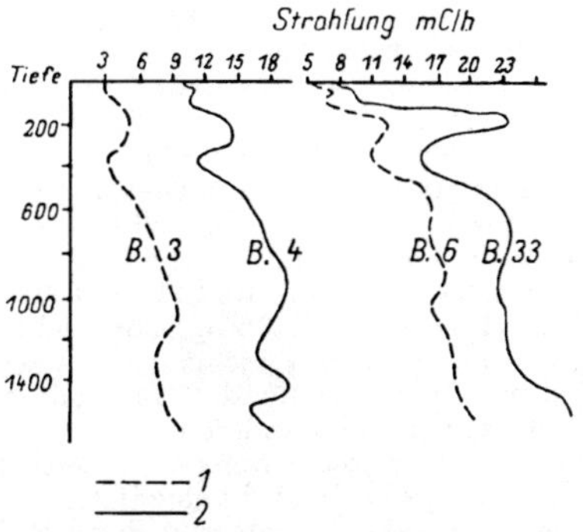

Abb. 1. Gammalogkurven in Bohrungen mit und ohne Ölführung, Gebiet Maimskoi, UdSSR (n. BORČANINOV)

1 — Bohrungen mit Ölführung, 2 — Bohrungen ohne Ölführung

Am wenigsten umstritten ist unter den geochemischen Oberflächenerkundungsverfahren die hydrochemische Methode. Ihre Brauchbarkeit als Mittel der Vorerkundung, um höffige Sedimentationsbecken nachzuweisen, wird allgemein anerkannt, wenn es auch bisher kaum gelungen ist, einzelne Lagerstätten damit zu lokalisieren. Das zeigen z. B. die Ergebnisse von J. GUMUŁKA (1962), die sogar im Gebiet über den wenig tiefen Salzstöcken von Mogilno und Inowrocław (Hohensalza) keinen Hinweis auf die Strukturen gaben. Erst die Störungsgebiete an den Flanken zeigten die typischen Salzwässer. Andere Salzstöcke erbrachten überhaupt keinen Effekt. Auch im Karpatenvorland zeigte sich die Bindung der Anomalien an Dislokationszonen.

Die Untersuchung der Tiefenwässer behält ebenfalls nach wie vor ihre Bedeutung. Die Erforschung der Metamorphose von Tiefenwässern bleibt weiterhin ein lohnendes Studienobjekt. Es besteht kaum noch ein Zweifel daran, daß Kohlenwasserstoffe die Wässer sehr stark beeinflussen. Sowjetische Untersuchungen (Anonymus 1960) zeigten, daß sich diese Beeinflussung auf Entfernungen von 1 bis 1,5 km von der Lagerstätte nachweisen ließ, besonders am Verhältnis SO_4''/HCO_3', das im Zusammenhang mit Erdöl weniger als 2,82 beträgt, in erdölfreien Wässern aber auf über 100 ansteigen kann.

Kritische Betrachtung der wissenschaftlichen Grundlagen

Viele optimistische Annahmen aus der Frühzeit der Anwendung dieser Methoden haben der Nachprüfung nicht standgehalten. Die Farbreaktionen der BLAUschen Methode beruhen nicht auf migrierten KW, sondern auf oberflächennah entstandenen Humin- und Fulvosäuren (MICHALIČEK 1962). Methananomalien können ihre Ursache in mikrobiologischer Tätigkeit oder in organischen Ablagerungen haben, die keine KW-Lagerstätten sind.

Wichtig für die frühere Zeit war auch die Vorstellung von der vertikalen Migration. Diese ließe sich infolge der natürlicherweise sehr inhomogenen Deckschichten nur durch Diffusion erklären. Diese aber erfolgt bei tiefliegenden Lagerstätten und bei niedrigen Diffusionskoeffizienten so langsam, daß selbst geologische Zeiten nicht ausreichen, damit die stationäre Diffusion die Erdoberfläche erreicht (STEGENA 1961, 1962). Die bevorzugte Migration erfolgt also durch Strömung und Kapillarosmose mit dem im ersten Abschnitt genannten Zerstreuungseffekt. Allerdings haben ANTONOWS Messungen (1962) gezeigt, daß der Diffusionskoeffizient in dem weiten Bereich zwischen 10^{-3} und 10^{-9} cm^2/s variiert und daß die Diffusion weit vom stationären Zustand abweichen kann, der durch die Berechnungen von STEGENA erfaßt wird. Bei mittleren Diffusionskoeffizienten von 10^{-7} cm^2/s kann danach die Diffusion in 150 bis 200 Mill. Jahren eine Strecke von 2000—2500 m zurücklegen, was durchaus im Bereich der geologischen Möglichkeiten liegt. Wenn allerdings die Diffusionskoeffizienten bis 10^{-9} cm^2/s ansteigen, dann ist in geologischen Zeiten höchstens noch ein Wanderweg von einigen 100 m möglich.

Im Zusammenhang mit einer erstmalig in England durchgeführten bituminologischen Aufnahme wurde die vertikale Migration durch folgendes Modell nachzuweisen versucht: In eine senkrecht stehende Röhre wurde unten Öl eingebracht und darüber Keupermergel, der hydrostatische Druck wurde durch Eintauchen in Lagerstättenwasser erzeugt. Nach 340 Tagen waren im Mergel migrierte Kohlenwasserstoffe festzustellen. Dieser Versuch ist jedoch keinesfalls beweiskräftig, nach physikalischen Gesetzen müssen mindestens einige Komponenten wandern, und dazu steht ihnen ja bei diesem Modell nur der vertikale Weg offen. Über eine bevorzugte vertikale Migration sagt der Versuch also nichts (EVANS 1962).

Daß eine schnelle Wanderung durch Strömung stattfindet, ist den Untersuchungen von MOGILEWSKIJ (1962) zu entnehmen. Über einem künstlichen Gasspeicher wurden vor und nach der Füllung Untersuchungen auf Gasgehalt und Bakterien in den Wässern durchgeführt, und zwar 300 und 800 m über dem Speicher. Die 300 m über dem Speicher waren durch die Migration in wenigen Monaten überwunden worden, die artesisch gespannten Wässer hatten einen Gasgehalt, der etwa 10mal dem früheren entsprach, und die Bakterienflora der KW-Oxydierer hatte sich üppig entwickelt. Die Ursache der schnellen Wanderung war vermutlich eine Verwerfungszone.

Die Grundlagenforschung in der Mikrobiologie führte ebenfalls zu interessanten Ergebnissen. So sind (MOGILEWSKIJ 1962) neue Bakterienarten aus Tiefen von 2300 bis 2400 m gewonnen worden, die einer Temperatur von über 60° C ausgesetzt waren. Untersuchungen von Kondensatwässern, die bei der Förderung anfielen, zeigten, daß Propan-, Methan- und Heptanbakterien nur in den Randbereichen der Lager auftraten, nicht im Zentrum. Sie sind also danach aus dem Randwasser eingewandert. Das Randwasser ist der Zubringer für die Bakterienflora. Das ist für die Klärung von Akkumulationsvorgängen insofern von Wichtigkeit, als die Umlagerung von Öl in einem biologisch aktiven Medium vor sich gehen muß mit entsprechenden Umwandlungsvorgängen.

SCHISCHTSCHENKO (1960) ist sogar der Meinung, daß allein die Spülung die Mikroben einbringt, da er in Bohrungen, die ohne Spülung niedergebracht wurden, keine Bakterien fand und überdies die Verhältnisse im Vorkaukasus (Versenkung der Schichten im Miozän—Pliozän auf mehr als 4000 m Tiefe bei über 100° C Temperatur) ein Überleben der Flora nicht gestatteten. Dieser Autor leugnet auch die vertikale Diffusion, da er in den Kernen der Gaslagerstätte Sewerostawropol weniger Gas fand als in der nichterdölführenden Struktur Newinomysk.

Weiterhin ist aus den mikrobiologischen Untersuchungen (KERSTEN 1962) zu folgern, daß es bei der Bakterienflora keine strengen „Spezialisten" gibt. Die Adaptionsfähigkeit ist im allgemeinen groß. Man kann aber mit graduellen Unterschieden weiterhin rechnen, also mit der Tatsache, daß gewisse Bakterien bestimmte KW bevorzugt abbauen, an andere aber, wie z. B. an Aromaten, nicht zu gewöhnen sind.

Die angeführten Beispiele zeigen, daß die Grundlagen der geochemischen Methoden noch weiter erforscht werden müssen.

Instrumentelle Fortschritte

Auf instrumentellem Gebiet sind in den letzten Jahren wenig Fortschritte gemacht worden. Eine Notwendigkeit dazu besteht augenblicklich auch weniger, weil Nachweisverfahren von genügender Empfindlichkeit (Chromatographie, Ultrarotspektroskopie, Massenspektrometrie) vorhanden sind. Zu erwähnen ist eine Verbesserung des Chromatographen für den Nachweis von Spurengasmengen, die im VEB Geophysik in Leipzig gemacht wurde. Statt der Wärmeleitzelle wird dabei hinter die Trennsäule des Chromatographen ein Flammen-Ionisationsdetektor geschaltet, der eine hohe Empfindlichkeit besitzt. Vor dem Chromatographen ist eine mit flüssigem Sauerstoff gekühlte Anreicherungssäule angeordnet. Diese Anordnung gestattet es, in einer Aufgabe von nur 200 ml Bodenluft Gase in einer Konzentration von 10^{-6} Vol.-% nachzuweisen, und zwar C_1 bis C_5.

Zur Untersuchung des Bitumengehalts in Bohrungen wurde eine Bohrlochsonde konstruiert (GASANOW u. a. 1961). Eine Ultraviolettlampe leuchtet das Gebirge ab. Die Lichtblitze des lumineszenten Leuchtens werden dem Dunkelstrom eines Photomultiplikators überlagert und registriert.

Die Zukunft der Prospektionsverfahren

Es besteht keine Veranlassung, die geochemischen Methoden für nutzlos und abgetan zu erklären. Jede Methode, sei sie geologisch, geophysikalisch oder geochemisch, hat ihre natürlich bedingten Grenzen. Weil die Wässer weit verbreitet sind und einzelne Wasserstockwerke meist miteinander in Verbindung stehen, sind sie bei nicht zu komplizierten Verhältnissen in der Lage, Informationen aus dem Untergrund zu übermitteln. Aber die Mobilität der Wässer ist groß. Man kann daraus keine lokal begrenzten Anomalien über Lagerstätten erwarten. So beantwortet die Methode nur die allgemeine Frage nach der Höffigkeit eines Gebiets. KW sind in viel kleineren Mengen als Wasser vorhanden, ihr Vorkommen ist lokal begrenzter. Aber die Bewegung dieser Stoffe erfolgt nach dem Gesetz des kleinsten Widerstandes und ist daher weitgehend von tektonischen und lithologischen Verhältnissen abhängig. Nur in günstigen Fällen werden sich Anomalien, seien es nun Gase, Bitumina, Schwefel, Salze, Mikroben oder radioaktive Stoffe, direkt über der Lagerstätte befinden. Da es solche günstigen Fälle gibt, kann man nach wie vor die geochemischen als die einzigen direkten Erkundungsmethoden bezeichnen. Sehr ungünstige Verhältnisse, gepaart mit hohem Störpegel, können aber völlig undeutbare Ergebnisse liefern. Nach wie vor sollte man diese Methode nur zusammen mit geophysikalischen Untersuchungen anwenden und sie nur in enger Gemeinschaftsarbeit von Geologen, Geophysikern und Geochemikern auszuwerten versuchen. Es lohnt sich aber, weiterhin die Grundlagenforschung zu betreiben, um die Grenzen der Methode kennenzulernen. Die Zeit ist abzusehen, in der die strukturellen Fallen abgebohrt sein werden und lithologische gesucht werden müssen. Da die physikalischen Eigenschaften des Öls zu wenig außergewöhnlich sind, als daß sie in großer Tiefe festgestellt werden könnten, wird es darauf ankommen, die geochemischen Grundlagen genau zu erforschen.

Bestimmung des geochemischen Milieus

Seit dem letzten Forschungsbericht sind eine Reihe von neuen Methoden zur Feststellung des Sedimentationsmilieus vorgeschlagen worden. ERNST & WERNER (1960) haben den Borgehalt der Gesteine bestimmt, der in der marinen Fazies mehr als 0,035% B_2O_3 beträgt, in der brackischen 0,025 bis 0,035%, in der limnischen weniger als 0,25%. DEGENS & BAJOR (1960) haben den Gehalt der Sedimente an Aminosäuren zur Milieubestimmung vorgeschlagen. Er bleibt bis ins Paläozoikum stabil. Infolge des eiweißhaltigen Planktons haben marine Sedimente einen deutlich höheren Gehalt als limnische. Weiteres Material dazu lieferte die Untersuchung rezenter Meeressedimente in Kalifornien (DEGENS u. a. 1961) und im Golf von Mexiko (SWAIN 1961). Weitere Einzelheiten zu dieser Frage können sich aus der Untersuchung der Isotopenverhältnisse des Kohlenstoffs und des Schwefels ergeben, wie es in anderen Abschnitten dieser Abhandlung dargestellt wird. Es scheint nunmehr notwendig zu sein, die verschiedenen Verfahren zu koordinieren und die Widersprüche in den einzelnen Verfahren aufzuklären.

Andere geochemische Erkundungshilfsmittel

Hilfsmittel zur Parallelisierung

Die Gleichstellung von Schichten auf Grund der Spurenmetallanalyse hat weitere Fortschritte gemacht. Auch für Kalke ist die Methode anwendbar, z. B. ergaben nach den Untersuchungen von DEAN & WEBBER (1961) Mn und Ti charakteristische Anomalien. Andere Stoffe, die sich zur Parallelisierung eignen, sind Aminosäuren (DEGENS u. a. 1960, 1961) neben den schon von SMERAL (1956) angegebenen Huminsäuren.

Für den Nachweis von V und Ni im Erdöl mußte dieses bisher verascht werden, was aus verschiedenen Gründen schwierig war. PETHÖ (1962) hat ein elegantes Verfahren für den direkten Nachweis mitgeteilt. Auf 800 bis 1000° C erhitzte Kohlenelektroden werden in das Erdöl geworfen, das sie willig absorbieren. Nach Abkühlung und Trocknung werden die so vorbereiteten Kohlen spektrometrisch untersucht. Die Nachweisgrenze liegt bei 0,001% V und Ni. Als sehr geeignet für die Parallelisierung von Ölhorizonten haben sich nach ZŁOTNICKA (1960) Zn- und Sn-Gehalte der Aschen erwiesen. Sie sind horizontbeständig, aber sehr variabel in ihrer Konzentration in den verschiedenen Lagern. Solche Analysen sind auch geeignet für die Kontrolle von Zementierungen, Perforationen und anderen technischen Arbeiten.

Nach rumänischen Untersuchungen (ŠERBĂNESCU 1962) sind auch die Porphyrine in Abhängigkeit von der Stratigraphie verteilt, so daß sie sich zur Parallelisierung von Ölen eignen.

Andere Hilfsmittel

Nach den Untersuchungen von ALEXEJEW & KONCOWA (1962) scheint auch der Deuteriumgehalt der Tiefenwässer diagnostische Bedeutung zu haben. In Strukturen ohne Wasseraustausch erhöht sich der Deuteriumgehalt mit der Tiefe. Lagerstätten von KW stören aber diese Gesetzmäßigkeit, sie erzeugen in den Wässern erdölführender Horizonte einen anomal niedrigen Deuteriumgehalt. Wegen des Isotopenaustauschs (der Deuteriumgehalt des Öls ist, wie schon RANKAMA gefunden hat, 2- bis 3mal so hoch wie der des Wassers) verarmt das Wasser an Deuterium. Die Ergebnisse sind jedoch nicht unbestritten (SILVERMAN auf der Tagung in Budapest).

Bereits nach den früheren Arbeiten von THODE und Mitarbeitern schien eine Abhängigkeit des Schwefelisotopenverhältnisses S^{34}/S^{32} von der Stratigraphie zu bestehen. Die Ergebnisse von JEREMENKO (1962) bestätigen diese Annahme (Abb. 2). Es fand sich eine Zunahme der leichteren Isotope von devonischen bis zu Kreideölen aus der UdSSR. JEREMENKO weist nach, daß dieser Effekt mit der Aufnahme von Sulfiden bei der Wanderung durch die Schichten von unten nach oben nicht erklärt werden kann. Er hat auch nichts mit den Sulfaten zu tun, wie gleichfalls experimentell nachgewiesen wurde. Es wurde jedoch eine Isotopenfraktionierung durch mikrobiologische Prozesse festgestellt. Das steht nun wieder im Einklang mit den Untersuchungen von THODE, HARRISON & MONSTER (1960), welche bei der Untersuchung von rezenten Meeressedimenten fanden, daß der Schwefel der Sedimente um 10 bis 20% weniger S^{34}

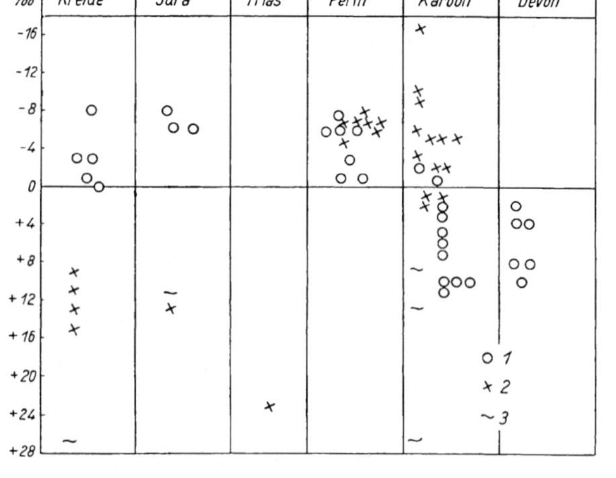

Abb. 2. Schwefelisotopenveränderungen (n. d. Untersuchung von JEREMENKO)

Schwefelisotopen: 1 – im Erdöl, 2 – im Erdgas, 3 – im Wasser

enthielt als das Seewasser, verursacht durch bakterielle Reduktion mariner Sulfate an der Sedimentoberfläche. Bemerkenswert ist ferner, daß das Isotopenverhältnis der Gesteinsbitumina demjenigen der in dem Gestein enthaltenen Öle entspricht, was man als genetische Verwandtschaft zwischen Gesteinsbitumen und Öl deuten kann. Mit Bezug auf den Erdgasschwefel stehen jedoch die sowjetischen und amerikanischen Ergebnisse in Widerspruch zueinander. Während in den USA auch für die Gase Veränderungen des Isotopenverhältnisses S^{34}/S^{32} gefunden wurden, welche parallel denen des Öls gehen, fand JEREMENKO ein entgegengesetztes Verhalten. Nach Untersuchungen dieses Autors reichert sich bei der bakteriellen Umsetzung von Sulfaten zu H_2S das Isotop S^{34} an. Die Gesetzmäßigkeiten der Isotopenverhältnisse lassen erwarten, daß sie bei näherer Erforschung wichtige Beiträge zur Genese und Akkumulation des Erdöls liefern werden.

Beiträge der Geochemie zum Problem der Genese und der Akkumulation von Erdöl und Erdgas

Die Forschung auf dem Gebiet der Erdölgenese hat in den letzten Jahren zwei Richtungen bevorzugt; die Untersuchung rezenter Ablagerungen auf KW und die Zuordnung von Gesteinsbitumen und Erdölen.

Seit SMITH bei seinen bekannten Untersuchungen KW in rezenten Meeressedimenten fand, sind viele Arbeiten zur weiteren Präzisierung der Ergebnisse unternommen worden. Schon SOKOLOW hatte 1957 darauf hingewiesen, daß die von SMITH gefundenen KW noch stark von den Erdölen abweichen. Sie enthalten ja nur die Gruppe C_{15} bis C_{30}, nicht aber C_3 bis C_{14}, welche in den Erdölen bei weitem die Hauptmasse ausmachen. Auch J. M. HUNT (1962) konnte diese Gruppe nicht finden, ebensowenig KVENVOLDEN (1962), der die Sedimente der San Francisco Bay auf n-Paraffine untersuchte. Dafür fanden sich aber in den Sedimenten Kohlehydrate, die in den Ölen nicht vorkommen. PRASHNOWSKY u. a. (1961) fanden in den Sedimenten der Sta.-Barbara-Bucht in Kalifornien Zucker. Das Vorherrschen von Galaktose läßt auf marine Entstehung schließen. DEGENS u. a. (1961) fanden in denselben Sedimenten Aminosäuren. Aus den Stickstoffwerten konnte geschlossen werden, daß nur etwa 5% der ursprünglich abgelagerten Eiweiße im Sediment als Aminosäuren erhalten blieben. Der Rest wurde zu Aminen, Paraffinen, Ammoniak u. a. abgebaut.

Weitere Einblicke in die Genese der organischen Sedimente erlauben wahrscheinlich Isotopenuntersuchungen, wenn auch die Interpretation noch nicht völlig gesichert erscheint. Sie beruht auf der Ansicht, daß die Isotopenverhältnisse stabil sind. ECKELMANN u. a. (1962) untersuchten mittels Massenspektrometer die C^{13}-Konzentration in rezenten Sedimenten des Atlantiks, des Mittelmeeres, des Pazifiks und des Karibischen Meeres. Die Ergebnisse zeigten eine Abweichung von $-19‰$ bis $-23‰$ gegen den amerikanischen Standard. Die Analysen von Ölen und begleitenden Tongesteinen zeigten eine auffällige Häufung bei $-27‰$ bis $-30‰$. Dieser Bereich ist typisch für Süßwassersedimente (siehe auch HUNT 1962, Abb. 3). Deshalb kommen die Autoren zu der Ansicht, daß sich die meisten Öle aus terrestrischen oder höchstens in Brackwasser lebenden Organismen ableiten. Es hat aber bereits WICKMAN 1953 festgestellt, daß neben dem terrestrischen das stagnierende Milieu für die Anreicherung des leichten C-Isotops verantwortlich ist. Maßgebend ist der Austausch von CO_2. Es ist ferner zu bedenken, daß zwischen der Ablagerung des Sediments und der Bildung von Erdöl eine Reihe einschneidender Prozesse abzulaufen haben. Es müssen sich leichte KW von C_3 bis C_{13} bilden, und zwar in großer Menge. Die in den Sedimenten bevorzugt auftretenden Paraffin-KW mit ungeraden C-Zahlen (KVENVOLDEN 1962) müssen in den Erdölen einer gleichmäßigen Verteilung weichen, die Kohlehydrate müssen verschwinden oder umgewandelt werden, eine ganze Reihe von Hochpolymeren muß sich neu bilden. Das erfordert beträchtliche Eingriffe in die Struktur der organischen Verbindungen und vermutlich eine Reihe bakterieller Umbildungen, die fast immer mit Isotopenfraktionierung verbunden sind. Zu dieser Meinung kommen auch KREJCI-GRAF & WICKMAN (1960) bei der Untersuchung der Tone und Öle des Lias α. Einmal im Gestein eingeschlossen, scheinen aber die Bitumina in ihren Isotopenverhältnissen bei allen Umwand-

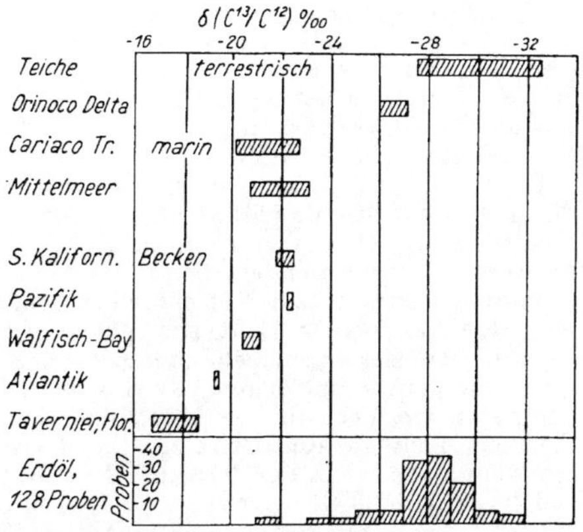

Abb. 3. Abweichungen der Isotopenverhältnisse des Kohlenstoffs in verschiedenen Sedimenten gegen den amerikanischen Standard (Belemnit) und Vergleich mit denjenigen der Erdöle (n. HUNT 1962)

lungen gleichzubleiben. Gesteinsbitumen und Öle des gleichen Entstehungsbereichs haben gleiche Verhältnisse (siehe z. B. KREJCI-GRAF & WICKMAN 1960).

Die Fraktionierung der C-Isotope ergaben auch die Untersuchungen von SILVERMAN und EPSTEIN. SILVERMAN (1962) hat dazu neues interessantes Material gebracht (Abb. 4). Bisher war erkannt, daß in Kalken und organischen Kalkschalen die größten Mengen an schwerem Kohlenstoff enthalten sind. Es sollen dann, nach abnehmendem Gehalt an C^{13} geordnet, marine Organismen und schließlich terrestrische Organismen folgen, was zwar den europäischen Ergebnissen nicht ganz entspricht, aber für gewisse geochemische Bereiche als richtig vorausgesetzt werden soll. Neue Untersuchungen von SILVERMAN ergaben nun, daß die Lipide sowohl der marinen als auch der terrestrischen Organismen mit leichten Isotopen angereichert sind und daß die Isotopenverhältnisse der Erdöle denen der Lipide entsprechen. Leitet man die Öle aus den Lipiden ab, dann besteht auch nach dieser Theorie keine Notwendigkeit, auf Grund der Beobachtungen von ECKELMANN u. a. (1962) die Erdöle aus terrestrischen Pflanzen oder Tieren abzuleiten. Die fraktionierte Destillation bis 300° ergab außerdem, daß die Benzinfraktion das höchste Verhältnis C^{12}/C^{13} hat. Das ist vermutlich darauf zurückzuführen, daß die schweren Fraktionen und langen Ketten zerbrechen. Dieser Prozeß liefert eine Anreicherung von C^{12}. Das kann man so deuten, daß das Urerdöl eine mittlere Zusammensetzung hatte und dann unter Bildung von schwereren Komponenten und Benzin zerfiel.

Die Beobachtungen von SILVERMAN finden besonderes Interesse im Zusammenhang mit den Arbeiten von E. G. BAKER (1962), welche wegen der bimodalen Verteilung der KW für einen Transport der KW in Lösung, vermittelt durch Seifen organischer Säuren, starke Argumente einbringen. In diesem Falle wäre also eine Fraktionierung bereits

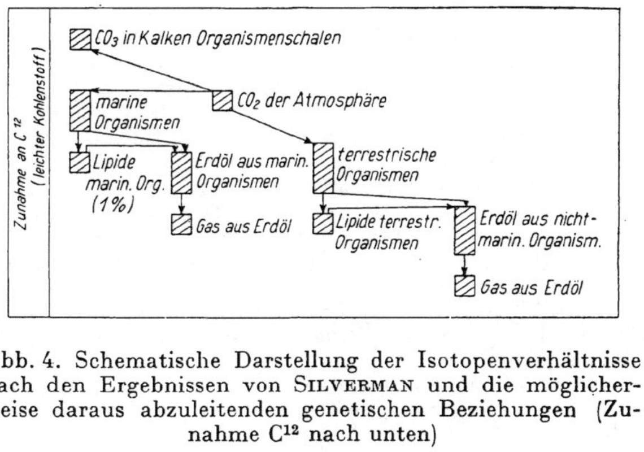

Abb. 4. Schematische Darstellung der Isotopenverhältnisse nach den Ergebnissen von SILVERMAN und die möglicherweise daraus abzuleitenden genetischen Beziehungen (Zunahme C^{12} nach unten)

durch den Lösungsvorgang gegeben, und die Ausgangssubstanzen für das Erdöl könnten sehr wohl Lipide, Lipoide und ähnliche Substanzen sein. Dieser Forschungszweig läßt bei weiterer Verfolgung der bisherigen Erkenntnisse wichtige Folgerungen für die Akkumulation des Erdöls zu, die noch immer nicht genügend geklärt ist.

Für die Genese des Öls sind auch die Untersuchungen rezenter Sedimente auf das Verhältnis organischer Kohlenstoff zu Kohlenwasserstoffen von Bedeutung. Seit langem ist bekannt, daß die Tone, besonders die sapropelischen, den höchsten Gehalt an organischem Kohlenstoff haben. Dabei können, wie neben anderen z. B. Aliew (1962) gefunden hat, terrestrische Ablagerungen mehr organischen Kohlenstoff enthalten als marine und lagunäre (Abb. 5). Aber die Bituminierung ist am höchsten in lagunären Gesteinen, hoch in marinen, klein in kontinentalen. Der Umsatz zu KW ist also wenig effektiv in den terrestrischen Gesteinen. Etwas Ähnliches gilt für Kalke. Gehman (1960) zeigte, daß in frischen Sedimenten der Gehalt an organischem Kohlenstoff im Kalkschlamm ziemlich dem im Tonschlamm gleicht.

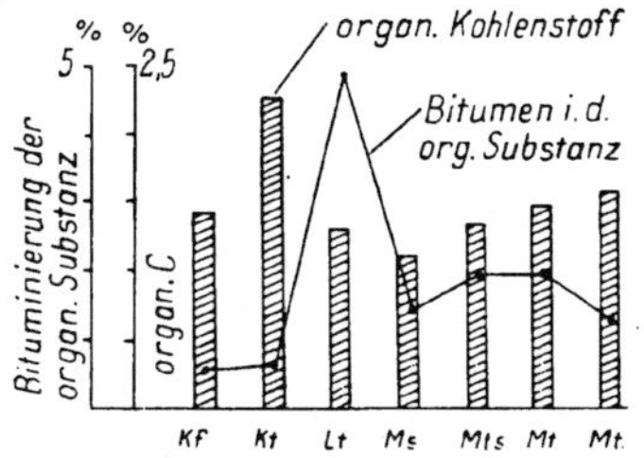

Abb. 5. Organischer Kohlenstoff und Bitumengehalt in Sedimenten verschiedener Fazies (n. Aliev 1962)

Kf – kontin., fluviatil, Kt – kontin., tonig, schluffig, torfig; Lt – lagunär, tonig; Ms – marin, sandig, 10–50 m; Mts – marin, tonig-schluffig, 50–100 m; Mt – marin, tonig, 100–200 m; Mt,T – marin, tonig, 200–500 m

In alten Sedimenten ist aber der Gehalt der Tone an organischem Material etwa 4—5mal so hoch wie der in Kalksteinen. Betrachtet man allein den KW-Gehalt, dann kommt man zu der überraschenden Feststellung, daß er in beiden Gesteinen etwa gleich groß ist. Hier findet sich also ebenfalls eine anscheinend wesentlich effektivere Umsetzung in den Kalken als in den Tonen — oder ein stärkerer Verlust an Nicht-Kohlenwasserstoffen. Hunt (1962) nimmt an, daß die Organismen der Kalkbildner mehr labile Proteine, Zucker, Lipide enthalten, die leichter verlorengehen. Die Untersuchungen von Aliew finden ein Gegenstück in denen von D. R. Baker (1962) (Abb. 6). Er zeigte ebenfalls, daß der Umsatz zu KW in den limnischen, kohleführenden Schichten am kleinsten ist und daß in den alten Gesteinen die KW relativ angereichert sind gegenüber den frischen Sedimenten. Aber jeder Sedimenttyp hat ohne Rücksicht auf die Stratigraphie seinen eigenen KW-Typ. Derjenige der umgebenden tonigen Gesteine und der in den Ölen der Shoestring-Sandzüge in Kansas ist der gleiche, ohne daß Konzentrationsgradienten für KW in den umgebenden Gesteinen in Richtung auf die Sande auftreten. Findet ein Transport in Lösung statt, dann könnte tatsächlich ein Gradient in der Umgebung unbemerkt bleiben, da die löslichen Bestandteile ja nur wenige Prozent der Gesamtmasse ausmachen werden.

Von mehreren Seiten her kommt man zu der Feststellung, daß Erdöle und Gesteinsbitumina genetisch verwandt sind. Diese Feststellung ist nicht neu, sie festigt sich aber mit jeder neuen Stellungnahme.

Für die Erdölakkumulation mehren sich die Hinweise, daß der Transport im Wasser erfolgte, vielleicht in kolloidaler Lösung, wie man nach den Untersuchungen von Witherspoon (1962) vermuten könnte. Das aber hat entscheidenden Einfluß auf viele Theorien, die sich mit der Umwandlung der Öle im Verlaufe der Migration befassen. Diese Frage soll jedoch in einer gesonderten Arbeit behandelt werden.

Bekannte physikalische Eigenschaften der Erdöle, die mit der chemischen Zusammensetzung zusammenhängen, sind auch die Fluoreszenz und die optische Aktivität. Beide wurden letztlich auf ihre erdölgeologische Bedeutung untersucht. Die optische Aktivität, durch Biot seit 1835 bekannt, aber noch immer nicht völlig geklärt, hat Louis (1961) geochemisch untersucht. Die Untersuchungen der Vergangenheit hatten gezeigt, daß der verursachende Stoff in der Nähe der Cholesterine liegen muß. Er ist außerordentlich stabil gegen chemische Angriffe und ändert sich mit dem Alter der Öle, aber auch mit dem Chemismus. Paraffine haben allgemein eine kleinere Aktivität. Die Variabilität mit dem Alter könnte die optische Aktivität für Altersbestimmungen geeignet erscheinen lassen. In ein und derselben Schicht blieben die Aktivitäten gleich, so daß man damit auch parallelisieren kann. Da sich der Stoff in den schweren Fraktionen findet, reichert er sich bei Verlusten durch Evaporation an, was Aussagen über das Schicksal der Öle gestattet.

Die Fluoreszenz ist nach den Untersuchungen von Riecker (1962) ebenfalls abhängig vom Chemismus. Messungen ergaben, daß sich mit zunehmender Öldichte die Fluoreszenzspitzen nach immer höheren Wellenspitzen verschieben. Sie liegen bei Ölen von 43°API bei 4440 Å, aber bei 15°-API-Ölen bei 6300 Å, die Verschiebung geht also von blau nach rot. Die paraffinischen Öle fluoreszieren demnach blau. Mit steigendem Gehalt an Harzen und Asphaltenen verschieben sich die Farben immer mehr nach rot. Daß neben einzelnen Komponenten spezifische Wellenlängen eigen sind, zeigte die Beobachtung, daß bei Mischung die einzelnen Spitzen erhalten blieben und sich nicht eine gemittelte Spitze herausbildete. Polyaromatische und heterozyklische KW und hochmolekulare Asphaltene sind die Ursachen der Fluoreszenz. Auch mit der Fluoreszenzbeobachtung kann man Öle parallelisieren, vor allen Dingen aber Umwandlungen während der Migration verfolgen, ohne umständliche Analysen.

Von allen Autoren wird immer wieder betont, daß der wesentliche Faktor bei der Umwandlung der Öle der Migrationsweg ist. Diese geochemischen Methoden sind sonach geeignet, für die Untersuchung des Akkumulationsvorgangs neues, wichtiges Material zu liefern.

Geochemie der Untergrundwässer

Die Ansicht, daß man aus dem Untergrundwasser auf die Zusammensetzung früherer Meere schließen könne, weil man eingeschlossenes Meerwasser vor sich habe, scheint nun auch die letzten Anhänger zu verlieren. Man erkennt, daß die Metamorphose der Wässer in den Schichten eine so tiefgreifende ist, daß keine Aussicht dafür besteht (Chave 1960). Oftmals findet man eine Abhängigkeit von struktureller Lage und Wasserchemismus (Müller 1962), bezeichnender ist jedoch die oft beobachtete Zunahme der Konzentration und der primären Salinität in Richtung auf die Beckenzentren. Von neueren Arbeiten sei z. B. Russel (1961)

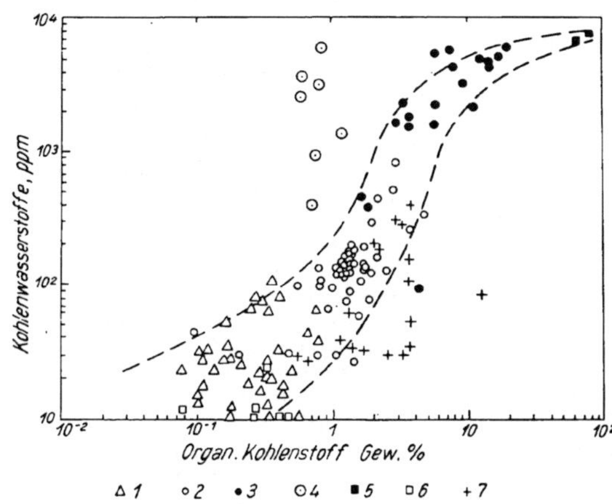

Abb. 6. Das Verhältnis organischer Kohlenstoff zu Kohlenwasserstoffen in verschiedenen Gesteinen (n. D. R. Baker 1962)

1 – grüngraue Schiefertone, 2 – graue Schiefertone, 3 – schwarze Schiefertone, 4 – Sandsteine, 5 – Kohle, 6 – Kohlentone, 7 – rezente marine Tone

genannt, der für die Bestimmung der Konzentration Eigenpotentialmessungen in großer Zahl benutzte. Diese Zonen hoher Konzentration sind auch die Orte der KW-Lagerstätten. Die Erklärungen dafür sind noch widersprüchlich. Die Frage bedarf weiterer Erörterungen. Die plausibelste Erklärung ist die, daß in den tiefsten Zonen der Austausch am stärksten gehemmt ist, was sich auch auf die Lagerstätten günstig auswirkt.

Zu einem weiteren, altbekannten Problem, nämlich der Wechselwirkung zwischen KW und Wässern, finden sich immer neue Beobachtungen (MÜLLER 1962, GRÁF 1962, RAWIKOWITSCH 1960, LJUBOMIROW 1960, NARISCHNEJA 1960, KREJCI-GRAF 1962). Nach der allgemeinen Beobachtung werden die Öle in der Nähe des Randwassers schwerer, besonders wenn die Wässer höhere Gehalte an SO_4 oder anderen oxydierten Verbindungen haben; im Kontakt mit leichten Ölen finden sich stark reduzierte Wässer. Daneben fügen die KW aber auch den Wässern typische biogene Stoffe hinzu, die dem Zerfall der Organismen entstammen.

Sonstiges

Ein interessantes Nebenprodukt haben die mikrobiologischen Sucharbeiten abgegeben: die Lagerstättenentölung mittels Bakterien. Dieses Verfahren, das zwar schon mehrfach probiert wurde, hat JÁRÁNYI u. a. (1962) auf eine wirtschaftlich vertretbare Basis gestellt, indem er billige, mit Melasse gezüchtete Mischkulturen aus Kanalschlamm verwendete und zur Impfung der Sonden die Stämme benutzte, die mit dem Salzwasser und dem Öl der Lagerstätten überlebten. Die Kulturen, mit Melasse eingepreßt, leisteten in der Lagerstätte sehr nützliche Arbeit. Die Viskosität des Öls nahm um 20—25 cSt bei 40°C ab, es bildete sich reichlich Gas mit 88—93% CH_4, 5—12% CO_2 und 2% höheren KW aus dem Melasseabbau. Die Grenzflächenspannung Öl gegen Wasser ging von 14,8 dyn/cm auf 1,2 dyn/cm zurück. Während dreier Jahre erhöhte sich die Ausbeute um ca. 50%, aufgelassene Sonden wurden wieder rentabel. Neben dem physikalischen Effekt tritt vermutlich auch ein chemischer auf, nämlich die Spaltung langer Paraffinketten durch Bakterien. Auch in der ČSSR wurde das Verfahren erfolgreich angewandt (DOSTÁLEK 1962).

Ausblick

Auch die neuen Untersuchungen haben ergeben, daß die Geochemie der Kohlenwasserstoffe eine durchaus gesunde wissenschaftliche Grundlage hat, auf der eine Verbesserung aller Methoden möglich ist. Als besonders hoffnungsvoll für die Erkundung erscheint eine genaue Untersuchung aller Bohrproben auf adsorbierte Kohlenwasserstoffe, die Feststellung der Grenzen, bis zu denen die Gasaufnahme noch deutbare Ergebnisse ergibt, der gemeinsamen Bedingungen für die Metamorphose der Wässer und die Entstehung von Erdöllagerstätten, die Feststellung der Migrationsrichtungen und -wege durch Verfolgung der Veränderungen der Kohlenwasserstoffe, weitere Untersuchungen der genetischen Zusammengehörigkeit von Gesteinsbitumina und Erdöl und Erdgas.

Zusammenfassung

Auf Grund der geochemischen Arbeiten, die in den letzten drei Jahren veröffentlicht worden sind, läßt sich eine unterschiedliche Beurteilung der Such- und Erkundungsmethoden erkennen. Die Deutungsschwierigkeiten werden aber dadurch verursacht, daß die Kenntnis der Migrationsvorgänge noch ungenügend ist und man die Grenzen der Methode noch nicht abgesteckt hat. Wenn das geschieht, dann sind die Methoden entwicklungsfähig. Von anderen geochemischen Verfahren werden Untersuchungen zur Feststellung des Sedimentationsmilieus mittels Borgehalt und Aminosäuren behandelt sowie die Isotopenverhältnisse des Schwefels und des Kohlenstoffs. Die Ergebnisse sind z. T. widersprüchlich, aber hoffnungsvoll. Weiter wird berichtet über Untersuchungen zur Ergründung der genetischen Beziehungen zwischen Gesteinsbitumen und Erdöl, Hilfsmittel zur Parallelisierung von Bohrungen, geochemische Beiträge zur Klärung des Migrationsvorgangs und der Akkumulation von Kohlenwasserstoffen.

Резюме

На основе опубликованной в последние три года геохимической литературы можно узнать различную оценку методов поисков и разведки. Но затруднения в интерпретации вызываются тем, что наше знание процессов миграции еще недостаточно и что пределы методов еще не оконтурены. Если это осуществится, тогда эти методы можно развивать. Из других геохимических способов освещаются исследования по выявлению среды осадконакопления посредством содержания бора и аминокислот, а также отношения изотопов серы и углерода. Результаты частично противоречивы, но поощрительны. Дальше обсуждаются исследования по выявлению генетических связей между битумом пород и нефтью, рассматриваются вспомогательные средства к сопоставлению скважин, геохимические сведения для выявления миграционного процесса и накопления углеводородов.

Summary

Based on many geochemical investigations published during the last three years, a controversial evaluation of the geochemical prospecting methods can be recognized. Difficulties in interpreting results are in the first line caused by the fact that we do not know exactly enough the way in which hydrocarbons migrate, and have not yet marked off the boundaries of the geochemical methods. This done, the prospecting methods justify further development. Other geochemical methods reported are the determination of the sedimentary environment by boron and amino acids contents, as well as the isotopic ratios of sulphur and carbon. The results are partly controversial, but hopeful. Further reports cover researches concerning the genetic relations between rock bitumina and hydrocarbons, aids to the correlation of wells, and geochemical investigations into how hydrocarbons migrate and accumulate.

Literatur

Vorträge auf der III. Internationalen Konferenz für Geochemie und angewandte Chemie in der Erdölforschung in Budapest vom 8. bis 13. 10. 1962.

ALEKSEJEW, F. A. & KONCOWA, V. V.: K geochimii dejterija v podzemnych vodach.

ANTONOW, P. A.: O masstabach diffuzionnoj proincaemosti gornych porod.

DOSTÁLEK, M. & R. KVET: Die Anwendung der Mikrobiologie beim Studium von Wässern in Erdölgebieten.

FREUND, W.: Über die chemische Zusammensetzung der Erdgase der Strukturen Mühlhausen u. a.

GŁOGOCZOWSKI, J. J. & F. MITURA: Die Ergebnisse der neuesten geochemischen Untersuchungen im Petroleum-Institut und die Richtungen weiterer Forschungsarbeiten auf diesem Gebiet.

GRÁF, L.: Geochemie transdanubischer Tiefenwässer auf Grund der die Zusammensetzung der Wässer darstellenden graphischen Methoden.

GUMUŁKA, J.: Geochemie der Oberflächenwässer in Gebieten von Salzdomen und tektonischen Störungen.

HUNT, J. M.: Geochemical data about the organic matter in sediments.

JÁRÁNYI, J. u. a.: Änderung gewisser Charakteristiken der Ölsonden infolge mikrobiologischer Behandlung.

JASENEW, B. P.: Glubinnye gazokernovye issledovanija v nektorych rajonach ČSSR.

KARASKIEWICZ, J.: Anwendung der Bestimmung oberflächiger mikrobiologischer Anomalien.

— Versuche der mikrobiologischen Aktivierung von Erdöllagerstätten.

KERSTEN, D. CH.: Untersuchungen der Eigenschaften von Mykobakterien, Testorganismen der Erdölprospektion.

MEINHOLD, R.: Geologische und geochemische Voraussetzungen für die Bildung großer Erdölakkumulationen.

MICHALIČEK, M.: Bewertung der in der ČSSR in den Jahren 1952—1955 durchgeführten geochemischen Oberflächenprospektionsarbeiten.

MILLEY, G.: Tensometrische Untersuchungen von Schichtenwässern der Erdöllagerstätten.

MOGILEWSKIJ, G. A.: Gegenwärtige Lage und Entwicklungsperspektiven des zur Erdöl- und Erdgasforschung verwendeten gasbiochemischen Methodenkomplexes in der UdSSR.

MÜLLER, E. P.: Betrachtung zur Geochemie der Tiefenwässer im Thüringer Becken.

PETHŐ, A.: Verfahren zur unmittelbaren Bestimmung von Vanadium und Nickel in Erdöl mittels getränkter Elektroden.

SILVERMAN, S. R.: The ratio of carbon isotopes in crude oil.

SMITH, H. M.: Theories about composition and genesis of oils.

STEGENA, L.: Über die prinzipiellen Grundlagen der geochemischen Erdölforschung.

STEVENS, N. P.: Geochemical oil prospection in the USA.

STRZETELSKI, J.: Die geochemischen oberflächigen Anomalien und der geologische Tiefenbau des Vorgebirges der Mittleren Karpaten.

TOMOR, J.: Bestimmung des Entstehungszeitalters der ungarischen Erdöle.
WITHERSPOON, A.: Colloid character of oil.

Sonstige Literatur

ALEKPEROW, R. A. & G. H. EFENDIEW: Über radioaktive Elemente in Erdölen (russ.). – Azerbaid. Chim. Jurnal, 5, S. 71 (1959).
ALIEW, G. M.: Nekotorye zakonomerinosti raspredelenija organičeskogo veščestva v srednejurskich otloženijach Severo-Vostocnogo Azerbaidžana i Južnogo Dagestana v svjazi c ich facial'nymi osobennostjami. – Azerbaidžanskoe Neftjan. Chosj., 10, 1–4 (1962).
Anonymus: Hydrochemische Indikatoren für Erdöl- und Gashöffigkeit. – Geol. nefti i gaza, 9, 41 (1960) (russ.).
BAKER, D. R.: Organic geochemistry of Cherokee group in SE-Kansas and NE-Oklahoma. – Bull. Am. Ass. Petr. Geol., 46, 9, 1621–1642 (1962).
BAKER, E. G.: A hypothesis concerning the accumulation of sediment hydrocarbons to form crude oil. – Geochim. et Cosmoch. Acta, 19, 309–317 (1960).
– Distribution of hydrocarbons in petroleum. – Bull. Am. Ass. Petr. Geol., 46, 1 (1962).
BORČANINOW, N. K.: O primenenii radiometrii dlja npredvaritel' noi ocenki neftenosnosti struktur. – Geol. nefti i gaza, 9, 33–36 (1962).
CHAVE, K. E.: Evidence on history of sea water from chemistry of deeper subsurface waters of ancient basins. – Bull. Am. Ass. Petr. Geol., 44, 3, 357–370 (1960).
DEAN, R. S. & G. R. WEBBER: Subdivision of Lorraine and Richmond groups of Quebec by elemental analyses of calcarous strata. – Bull. Am. Ass. Petr. Geol., 45, 10, 1731–1745 (1961).
DEGENS, E. T. & M. BAJOR: Die Verteilung von Aminosäuren in bituminösen Sedimenten und ihre Bedeutung für die Kohlen- und Erdölgeologie. – Glückauf, 96, 24, 1525–1534 (1960).
DEGENS, E. T., A. PRASHNOWSKY, K. O. EMERY & I. PIMENTA: Organic materials in marine sediments, Part II: Amino acids in marine sediments of Sta. Barbara Basin, California. – Neues Jahrb. Geol. Pal., 8, 413–426 (1961).
ECKELMANN, W. R., W. S. BROEKER, D. W. WHITLOCK & I. R. ALLSUP: Implications of carbon isotopic composition of total organic carbon of some recent sediments and ancient oils. – Bull. Am. Ass. Petr. Geol., 46, 5, 599–773 (1962).
ERNST, W. & H. WERNER: Die Bestimmung der Salinitätsfazies mit Hilfe der Bormethode. – Glückauf, 96, 17, 1064–1070 (1960).
EVANS, W. D. u. a.: A geochemical survey of the Nottinghamshire oil-fields and related sediments. – The Quarterly J. of the Geol. Soc. of London, Vol. CXVIII, 1, S. 23–38.
FERGUSON, W. S.: Analytical problems in determining hydrocarbons in sediments. – Bull. Am. Ass. Petr. Geol., 46, 9, 1613–1620 (1962).
GASANOW, D. A. & A. V. UŠAKOW: Ljuminescentnye metody issledovanija skvažin. – Azerbaid. neftj. chosj., 10, 9–12 (1961).
GEHMAN, H. M.: Organic matter in limestones. – Vortrag a. d. XXI. Int. Geol. Kongreß, Kopenhagen 1960.
GŁOGOCZOWSKI, J. J.: Ergebnisse der angewandten geochemischen Verfahren bei der Erdölprospektion in Polen. – Z. angew. Geol., 6, 11, 530–537, Berlin 1960.
JASENEW, B. P.: Prjamye geochimičeskie metody poiskov nefti i gaza. – Gostoptechisdat, Moskau 1962.
JEREMENKO, I. A. & R. G. PANKINA: Isotopy sery v neftjach i gazach mestoroždenij Volgo-Uralskoi oblasti i drugach rajonov Sovj. Soj. – Geol. nefti i gaza, 9, S. 43 (1962).
KREMS, A. J., G. G. GRIGOREW & A. S. MEDWEDEW: Geochemische Öl- und Gassuche im Timan-Petschora-Gebiet. – Geochim. metody poiskow neft, 108 (1959) (russ.).
KREJCI-GRAF, K.: Über Ölfeldwässer. – Erdöl u. Kohle, Erdg. Petr., 15, 2, 102–109 (1962).
– Mikronaphta und die Entstehung des Erdöls. – Mitt. geol. Ges. Wien, 53, 133–176 (1960).
KREJCI-GRAF, K. & F. E. WICKMAN: Ein geochemisches Profil durch den Lias alpha. – Geochim. et cosmoch. Acta, 18, 259–272 (1960).
KROTOWA, W. A.: Gidrogeologičeskie kriterii neftenosnosti. – Leningrad 1960.
KVENVOLDEN, K. A.: Normal paraffin hydrocarbons in sediments from San Francisco Bay, California. – Bull. Am. Ass. Petr. Geol., 46, 9, 1643–1652 (1962).
LONGFORD, G. T.: Radiation surveys aid oil search. – World Oil 154, 5, 114–119 (1962).
LJUBOMIROW, B. N.: Über Wassereinschlüsse in Erdöl- und Gaslagerstätten des Timan-Petschora-Gebietes. – Geol. nefti i gaza, 2, 49 (1960) (russ.).
LOUIS, M.: L'activité optique des pétroles. Application en géochimie. – Revue de l'Institut Français du Pétrole, 16, 3, 163–164 (1961).
MAAS, I.: Beiträge zur Isotopengeologie der Elemente H, C und O. – Isotopentechnik, 2, 4, 111 (1962).
MARESCH, O.: Anwendung der Differenzen – Thermoanalyse auf Spuren organischer Substanzen. – Erdöl-Zeitschr., 75, 3, 67–71 (1959).
MEINHOLD, R.: Entwicklungsstand und Probleme der geochemischen Prospektionsmethoden auf Kohlenwasserstoffe. – Z. angew. Geol., 5, 10, 433–440, Berlin 1959.
– Neue Arbeiten über geochemische Verfahren für die Erdöl- und Erdgaserkundung. Teil I und II. – Z. angew. Geol., 6, 7, 347–350; 8, 402–450, Berlin 1960.
NARISCHNEJA, W. E.: Die Gase in den Erdölwässern des Ferghanagebietes. Geol. nefti i gaza, 1, 47 (1960) (russ.).
PIXLER, B. O.: Mud analysis logging. – Journ. of Petrol. Techn., XIII, 4, 323–326 (1961).
POMEYROL, R., F. BIENNER & M. LOUIS: Exemple de prospection géochimique par l'analyse des gaz adsorbés en surface dans le bassin de Fort Polignac. – Revue de l'Inst. Franç. du Petr., 16, 7/8, 868–874 (1961).
PRASHNOWSKY, A., E. T. DEGENS, K. O. EMERY & I. PIMENTA: Organic materials in ancient sediments, Part I: Sugars in marine sediments of Sta. Barbara Basin, California. – Neues Jb. Geol. Pal. Monatsh., 8, 400–413 (1961).
RAVIKOVITSCH, CH. A.: Voprosy podsemnogo okislenija uglevodorov. – Geol. nefti i gaza, 4, 53–57 (1960).
RIECKER, R. E.: Hydrocarbons fluorescence and migration of petroleum. – Bull. Am. Ass. Petr. Geol., 46, 1, 60–75 (1962).
RUSSEL, W. L.: Reservoir water resistivities and possible hydrodynamic flow in Denver Basin. – Bull. Am. Ass. Petr. Geol., 45, 12, 1925–1940 (1961).
SCHISCHTSCHENKO, B. B.: Wichtigste Ergebnisse komplexer biochemischer Untersuchungen im zentralen und östlichen Vorkaukasus. – Geol. nefti i gaza, 1, 41 (1960) (russ.).
ŠERBĂNESCU, A.: Studiul naturii porfirinelor din ţiţeiurile romîneşti din diferite formaţiuni geologice, cu ojutorul spectrelor de absorbţie in domeniul vizibil (Studium der Natur der Porphyrine in rumänischen Erdölen aus verschiedenen geologischen Formationen mit Hilfe des Absorptionsspektrums im sichtbaren Bereich). – Petrol si gaze, 13, 2, 53–61 (1962).
SMERAL, I.: Chromatografická mikroanalysa gorninovyck bitumenú (Chromatographische Mikroanalyse der Gesteinsbitumen). – Práce ústavu pro naftový výskum, rada, E, Nr. 17–21, Prag 1956.
SOKOLOW, U. A.: Möglichkeiten der Bildung und Migration von Öl in jungen Sedimenten. – Ergeb. d. Konferenz Lwow, 8.–12. V. 1957, Gostoptechisdat 1959.
STEGENA, L.: On the principles of geochemical oil prospecting. – Geophysics 26, 4, 447–451 (1961).
SWAIN, F. M.: Stratigraphic distribution of furfurals and amino compounds in Jurassic rocks of Gulf of Mexico region. – Bull. Am. Ass. Petr. Geol., 45, 10, 1713–1720 (1961).
THODE, H. G., A. G. HARRISON & J. MONSTER: Sulphur isotope fractionating in early diagenesis of recent sediments of NE Venezuela. – Bull. Am. Ass. Petr. Geol., 44, 1809 (1960).
WICKMAN, F. E.: Wird das Häufigkeitsverhältnis der Kohlenstoffisotopen bei der Inkohlung verändert? – Geochim. Acta, 3, 244–252 (1953).
ZŁOTNICKA, J.: Korrelacja horyzontoa ropnych pola naftowego Tarnawa-Wielopole-Poraz ec. (Korrelation von Ölhorizonten im Ölfeld T.-W.-P. auf Grund von spektrographischen qualitativen Analysen der Elementzusammensetzung der Erdölaschen. – Prace Instytutu Naftowego, S. A., 64, 10, Katowice 1960.

Meldearbeiten aus dem Institut für Mineralogie und Lagerstättenlehre der Bergakademie Freiberg (Sa.)

Es werden erstmalig einige der insgesamt 218 Themen von Meldearbeiten veröffentlicht, die seit 1950 am obengenannten Institut angefertigt wurden. Eine Bekanntgabe wird für zweckmäßig erachtet, da in diesen Arbeiten oft interessante Teilergebnisse niedergelegt sind. Die Originale können jederzeit angefordert werden. Die Veröffentlichung wird, auch erweitert auf Literaturarbeiten, fortgesetzt.

BERNSTEIN, K.-H.; (1954): Anforderung an Tempererze und ihre Ausnutzung bei der Herstellung von weißem Temperguß. – 41 S., 9 Tab., 31 Abb., 36 Lit.

DECKER, H.; (1954): Mikroskopisch-chemische Untersuchungen an Mansfelder Schlacken und Steinen. – 225 S., 22 Abb., 22 Lit.

FABIAN, E.; (1957): Mikrohärtebestimmung an Bleiglanz und Ermittlung evtl. Härteanisotropie in Abhängigkeit von der Paragenese. – 16 S., 8 Tab., 11 Lit.

FAY, W.; (1962): Zusammenstellung und Durchführung sämtlicher in der Mineralogie üblichen und möglichen Mineralanfärbemethoden. – 50 S., 104 Lit.

GERSTENBERGER, G.; (1952?): Ein Beitrag zur Tektonik der Kalke von Hermsdorf und zur Erzverbreitung in dem Graukalklager am Waltherbruch. – 18 S., 16 Textabb., 9 Anlagen.

GRIESSMANN, P.; (1962): Grundlagen, Methoden und Anwendung der Radiographie. – 67 S., 19 Autoradiogramme, 51 Lit.

HAAKE, R.; (1962): Untersuchung der petrographischen Verhältnisse sowie Mineralisation und Verwachsungseigenschaften der westlichsten und östlichsten Greisenkuppel im Grubengebiet „Sauberg" des VEB Zinn- und Spatgruben Ehrenfriedersdorf zum Zwecke der Feststellung der Aufbereitbarkeit. – 36 S., div. Anlagen u. Profile, 87 Lit.

HEINRICH, G.; (1959): Untersuchung des Chemismus und der Mikrohärte der Zinkblende der kiesigen Bleierzformation Freibergs. – 17 S., Diagr., 7 Lit.

HEROLD, H.; (1960): Petrographische und mineralogische Untersuchung des Greisens im Querschlag V (Stollensohle) der Grube Mühlleiten des VEB Wolfram-Zinnerz, Pechtelsgrün i. V. – 16 S., 10 Abb., 15 Anlagen (Profile und Diagramme), 4 Lit.

HERRMANN, G.; (1953): Der Pegmatitgang an der Krumbacher Fähre bei Sachsenburg. – 20 S., 4 Anl., 7 Lit.

JUNGFER, G.; (1959): Ermittlung der Kornverteilungskurve und der mineralogischen Zusammensetzung folgender Rohstoffe: Zettlitzer Kaolin, Kemmlitzer Kaolin, Hohburger Kaolin und Römer Ton. – 24 S., 15 Tab., 45 Kurven und Diagramme, 17 Lit.

KOCH, I.; (1961): Untersuchungen über die Anwendbarkeit der gasvolumetrischen Analyse zur Bestimmung von Schwefel und Kohlenstoff in Mineralen und Gesteinen. – 42 S., Diagramme, 11 Lit.

KOCH, K.; (1960): Klärung des Lageraufbaus des unteren Eisenerzhorizontes der Grube Schmiedefeld/Thür. durch feinstratigraphische und erzpetrographische Aufnahmen. – 29 S., Anlagen und Profile, 5 Lit.

KRÜGER, A.; (1959): Untersuchung des Chemismus und der Mikrohärte der Zinkblende von Clausthal. – 24 S., Diagramme, 15 Lit.

LANGE, H.; (1954): Über den optischen Achsenwinkel und den Albitgehalt verschiedener Alkalifeldspäte. – 48 S., Diagramme, Schliffotos, Röntgendiagramme, 19 Lit.

LENTSCHIG-SOMMER, S.; (1957): Petrographische Untersuchung der Wabenverwitterung im Basteigebiet. – 75 S., 47 Abb., 13 Lit.

MALBERG, E.; (1959): Untersuchung des Chemismus und der Mikrohärte der Zinkblende von der Grube Trepča/Jugoslaw. – 20 S., 3 Diagramme, 15 Lit.

OESTREICH, W.; (1955): Bestimmung der Eisenerzminerale der Eisenerzlagerstätten Badeleben und Sommerschenburg sowie Beschreibung ihrer Paragenesen. – 90 S., 14 Schliffotos, Röntgendiagramme, 12 Lit.

PÄLCHEN, W.; (1961): Petrographische Untersuchungen am Süßwasserkalk von Weimar-Ehringsdorf. – 23 S., 14 Abb., 3 Anl., 18 Lit.

PETZKE, U. & I. WEBER; (1958): Bemerkungen zur Genese der Eisenerzlagerstätte Anna-Fundgrube i. Vogtl.

PFEIFFER, L.; (1953): Die Roteisensteingänge am Rehhübel im Westerzgebirge. – 43 S., 2 Anl., 7 Lit.

PIELA, G.; (1956): Über ein Kaolinvorkommen bei Geringswalde im Sächsischen Granulitgebirge. – 18 S., 1 Übersicht.

PRESCHER, H.; (1948); Untersuchungen über die Steinkohlenvorkommen des oberen Erzgebirges und ihre evtl. Bedeutung als Kleinstvorkommen im Rahmen des Zweijahresplanes. – Übersichtsrisse, 19 Lit.

ROSCHER, O.; (1957): Sekundäre Gipsbildung in der Tongrube bei Königsaue, unter besonderer Berücksichtigung der genetischen Bedingungen und der die Kristallmorphologie beeinflussenden Faktoren.

RÖSLER, H. J.; (1950): Das Kieselgurlager von Klieken bei Coswig (Anh.). – 34 S., 6 Anl., 31 Lit.

SCHEUMANN, G.; (1961): Libellenschließtemperaturen von Baryten. – 21 S., 8 Abb., 3 Tab., 21 Lit.

SCHLEGEL, G.; (1959): Untersuchung über die Vererzung des Kahlebergsandsteines. – 41 S., 20 Abb., 13 Lit.

SCHULZE, H.; (1962): Es ist durch Versuche zu überprüfen, ob aus Feuerstein und Halsbacher Achat Material für die Herstellung von Reibschalen zu gewinnen ist. – 18 S., 15 Abb., 33 Lit.

THIERGÄRTNER, H.; (1961): Überprüfung und Diskussion eines angewandten Bemusterungsschemas mit Hilfe rechnerisch-statistischer Methoden, besonders hinsichtlich der Probeabstände. – 33 S., 10 Tab., 80 Diagr., 23 Lit.

TISCHENDORF, G.; (1952): Die Erzführung des Halsbrücker Spates. – 49 S., 52 Diagr., 6 Tab., 5 Lit.

TÖLLE, H.; (1953): Untersuchung eines Axinitvorkommens im Brockenkontakt und einige Bemerkungen zur Borfrage. – 14 S., 1 Karte, 28 Abb., 12 Lit.

VOLAND, B.; (1962): Mineralogische Untersuchungen an den Zeolithen in den Blasenhohlräumen des Phonoliths von Hammer-Unterwiesenthal. – 38 S., 1 Übersichtsk., 1 Profil, 20 Abb., 9 Diagr., 24 Tab., 123 Lit.

Besprechungen und Referate

KONSTANTYNOWICZ, E.

Die Weltkupfervorräte

„Rudy i metale nieżelazne", VII (1962), H. 10, S. 460 bis 465, 1 Abb., 8 Tab.

Innerhalb der Kupferlagerstätten, die praktische Bedeutung haben, werden folgende genetische Typen unterschieden:

1. Magmatische Kupfer-Nickel-Lagerstätten in basischen Gesteinen (z. B. Sudbury mit schätzungsweise 5 Mill. t Kupfervorrat).
2. Postmagmatische Lagerstätten in Skarnen (z. B. Morenci in Arizona mit ebenfalls 5 Mill. t geschätztem Kupfervorrat).
3. Postmagmatisch-pyritische Kupferlagerstätten (z. B. Rio Tinto — geschätzter Kupfervorrat 5,2 Mill. t).
4. Postmagmatische Lagerstätten in Porphyren (z. B. Chuquiquamata mit 19,5 Mill. t geschätztem Kupfervorrat und Bingham im Staate Utah mit 8 Mill. t geschätztem Kupfervorrat).
5. Andere postmagmatische Lagerstätten (z. B. Butte in Montana mit 3 Mill. t Kupfervorrat — bereits 7 Mill. t abgebaut — und Oberer See mit ebenfalls 3 Mill. t — bereits abgebaut 5 Mill. t).
6. Sedimentäre Lagerstätten (z. B. Nordrhodesien mit 61,6 Mill. t, Katanga mit 36 Mill. t, Dżeżkastan und Udokan in der UdSSR und Lubin in der VR Polen).

Die reichste Kupferprovinz ist die mittelafrikanische. Ihr folgen die südafrikanische mit ihrer Verlängerung nach Nordamerika, die kasachstanische und kirgisische und die mitteleuropäische (vgl. Abb.).

Gegenüber der Paley-Kommission, die 1952 195 Mill. t Kupfervorräte errechnet hat, und den Berechnungen von ORLOWA und MARKOWA, die mit Stand vom 1. 1. 1955 153 Mill. t Kupfer ausweisen, ergibt sich nach KONSTANTYNOWICZ folgender Stand (s. Tabelle).

90% der Weltkupfervorräte entfallen auf folgende Länder (in der Reihenfolge der bisher nachgewiesenen Vorräte): Chile, Nordrhodesien, UdSSR, Kongo, USA, VR Polen, Peru, Kanada.

Die Weltkupferproduktion belief sich 1961 auf 4332000 t. KONSTANTYNOWICZ rechnet bis 1970 mit einem Ansteigen der Weltproduktion auf 6400000 t. Die bis jetzt nachgewiesenen Vorräte könnten den Bedarf dann rund 50 Jahre decken.

W. JUNG

Tabelle

Name der Provinz	Vorräte an Kupfer in 1000 t	prozentualer Anteil der Vorräte an der Gesamtmenge %
Zentralafrika	97000	29,6
Westlicher Teil von Nordamerika	26000	8
Westlicher Teil von Südamerika	83000	25,3
Kasachstan und Kirgisien[1])	27000	8,3
Mitteleuropa	32000	10
Kanadischer Schild	14000	4,2
Übrige Gebiete	48000	14,6
Gesamt	327000	100

[1]) Schätzungsweise auf Grund von Angaben westlicher Zeitschriften angenommen

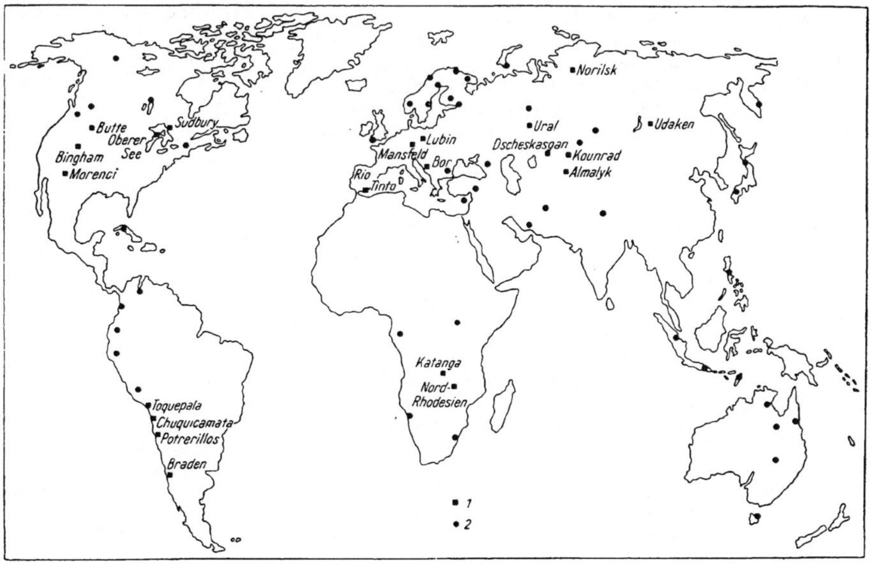

Karte der Kupfererzlagerstätten der Welt

1 – Kupfererzlagerstätten von weltweiter Bedeutung, 2 – Kupfererzlagerstätten von sekundärer Bedeutung

HILLER, E. J.

Die mineralischen Rohstoffe

E. Schweizerbart'sche Verlagsbuchhandlung, Stuttgart 1962; 359 S., 2 Abb., 76 Tab. i. Text, Min.-Register i. Anh., 2 Beil., 56,— DM

Da der Hauptteil dieses Buchs nach Metallen und den Rohstoffen der Steine und Erden gegliedert ist, stellt der Verf. diesem Hauptteil einen Überblick über die Vorgänge der Lagerstättenbildung voran. Diese Zusammenfassung der allgemeinen Lagerstättenkunde entstand in bewußter Anlehnung an das SCHNEIDERHÖHNsche genetische Prinzip. Die Anschauungen SCHNEIDERHÖHNs wurden jedoch nicht konsequent übernommen, denn es werden z. B. die Bildungen der pegmatitisch-pneumatolytischen Phase als Kristallisationsprodukte von Restschmelzen bezeichnet. Derartig verallgemeinernde Feststellungen können als veraltet angesehen werden. Der speziellen Behandlung der einzelnen Metalle und übrigen mineralischen Rohstoffe wird jeweils ein kurzer geschichtlicher Überblick über die Nutzung des Rohstoffs vorangestellt, der als sehr wertvoll bezeichnet werden kann. Dem schließen sich Abschnitte über die dem Metall oder Rohstoff zugehörigen Minerale, die Geochemie und die Lagerstättenbildung (nach SCHEIDERHÖHN) und über die wichtigsten Vorkommen an. Es ist anzuerkennen, daß zahlreiche neue oder bisher unbekannte Lagerstätten aus allen Teilen der Welt angeführt und charakterisiert werden, doch muß wohl von einem derartigen in Deutschland erschienenen Buch ein vollständiger Überblick über die deutschen Erz- und Rohstoffvorkommen erwartet werden. Die Angaben über die erzgebirgischen Lagerstätten (Freiberg), Sn-W-Lagerstätten, Bi-Co-Ni-U-Lagerstätten und überhaupt den größten Teil der Lagerstätten der DDR, sind ungenau, veraltet oder falsch. Zum Beispiel werden in Freiberg nicht vorwiegend Pb-, sondern Zn-Erze gewonnen. Ehrenfriedersdorf war nie eine Wolframlagerstätte. Die Ni-Silikaterze der Umgebung von St. Egidien werden nicht erwähnt. Es können hier nicht alle Beispiele aufgeführt werden. Von einem großen Teil der Lagerstätten liegen moderne Arbeiten gedruckt vor, die nicht ausgewertet wurden. Es fällt jedoch auf, daß die in den früher zu Deutschland gehörenden Teilen der VR Polen gelegenen bedeutenden und weniger bedeutenden Lagerstätten (z. T. längst abgebaut) meist als „deutsche" oder „ostdeutsche" beschrieben werden. Zum Beispiel wird die Ni-Lagerstätte Zabkowice (Frankenstein) als einzige deutsche Ni-Silikatlagerstätte erwähnt. Die ausgedehnten, von polnischen Geologen erschlossenen Cu-Vorkommen im Unteren Zechstein am NE-Rand des Subsudetischen Walls werden überhaupt nicht angeführt. Damit wird eine Tendenz in die Fachliteratur gebracht, die bisher in den bedeutenden deutschsprachigen Werken der Mineralogie und Lagerstättenkunde nicht vorhanden ist. Im Anhang werden statistische Tabellen über die Produktion der Metalle und Rohstoffe, eine Tabelle der wirtschaftlich wichtigsten Minerale und ein Sach- und Ortsregister gegeben. J. RENTZSCH

DIENEMANN, W. & K. FRICKE

Mineral- und Heilwässer, Peloide und Heilbäder in Niedersachsen und seinen Nachbargebieten

In: Veröffentlichungen des Niedersächs. Inst. f. Landeskunde, Univ. Göttingen, Reihe A I, Bd. 5, Abt. 5, Göttingen—Hannover 1961; 51 Abb., 24 Tab., 197 Analysen, Tab. und Diagr., Preis 25,— DM

Der 475 Seiten umfassende Band 5, 5 aus der Reihe „Geologie und Lagerstätten Niedersachsens" gibt eine erschöpfende Übersicht und umfassende Beschreibung der Lagerstätten der natürlichen, balneologisch genutzten Heilmittel im niedersächsischen Raum. In dem Bestreben, zusammenhängende wirtschaftliche, geographische und besonders auch geologische Einheiten wegen der Ländergrenzen nicht aufzuspalten, haben die Verf. durch Einbeziehung von Nachbargebieten eine gute, umfassende Darstellung geschaffen, die beispielsweise auch den Harz als geographisch-geologische Einheit behandelt.

In einer Dreigliederung werden von den beiden bekannten Autoren DIENEMANN und FRICKE sowie den Mitarbeitern W. HARRE, R. SCHMIDT-BERGER und SCHNEIDER die Kapitel,

1. Heil- und Mineralwässer und Heilbäder,
2. Peloide (im wesentlichen Badetorfe und kurze Ausführungen über Schlick),
3. Heilquellenrecht,

behandelt. Das Kapitel 1 macht mit 366 Seiten den Hauptteil der Arbeit aus. Ein Register erleichtert zusammen mit dem nach Gruppen untergliederten Inhaltsverzeichnis das Auffinden aller besprochenen Orte und aller Fachfragen. Besonders eingehend ist das Schrifttum berücksichtigt worden, welches jedem Teilkapitel bzw. jeder Gruppe gesondert angefügt ist und somit dem Leser leicht eine weitere Vertiefung seiner Studien gestattet. Abbildungen, Tabellen und Analysen mit graphischen Darstellungen nach UDLUFT machen das Buch zu dem modernsten und umfassendsten Nachschlagwerk auf dem Gebiet des Bäderwesens. Durch seine beachtliche, mit großem Fleiß zusammengetragene Materialfülle sowie durch eigene Studien belegt es eindringlich die breite Basis einer gesicherten naturwissenschaftlichen Grundlagenforschung als Voraussetzung für eine sinnvolle balneologische Nutzung natürlicher Heilmittel.

Bei jedem Bad finden sich Angaben über Lage, geschichtliche Entwicklung, hydrogeologische und chemische Verhältnisse, technische und balneologisch-wirtschaftliche Angaben, stichwortartige Angaben der Indikationen und schließlich Quellschutzregelungen. Die Arbeit kann in der Konzeption als mustergültig bezeichnet werden. Das Buch gehört in jede Bibliothek, in die Hand des Geohydrologen so gut wie in die der technisch-wirtschaftlichen Bäderfachleute, der Planer auf allen Gebieten der Volkswirtschaft und nicht zuletzt des balneologisch forschenden Wissenschaftlers und des Badearztes. A. GIESSLER

PARASNIS, D. S.

Principles of applied Geophysics

Verl. Methuen & Co. Ltd., London; Verl. John Wiley & Sons Inc., New York (1962); 176 S., 63 Abb., Preis 21 sh.

Der in Schweden tätige Autor hat es unternommen, in einem schmalen, kleinformatigen Bändchen die gesamte angewandte Geophysik darzustellen. Angesichts der Berge von Literatur und Forschungsergebnissen in aller Welt ist das schon ein Wagnis, denn die Gefahr ist groß, daß solch eine knappe Darstellung oberflächlich oder fragmentarisch wird. Um es vorwegzunehmen: Man kann dem Autor bescheinigen, daß sie gelungen ist. Natürlich kann sich eine kurze Abhandlung dieser Art nicht an den Fachwissenschaftler wenden. Für den liegen aber bereits ausführlichere Kompendien vor. Es wendet sich vielmehr an die Vertreter der Nachbardisziplinen, an Geologen, an Bergleute, Physiker und interessierte Laien.

Besonders ist großer Wert darauf gelegt, die physikalischen Grundlagen der einzelnen Verfahren konzentriert und modern darzustellen. So findet man beim Kapitel „Magnetische Methoden" eine neuzeitliche Darstellung des Ferromagnetismus und des Antiferromagnetismus, die Theorie von SATO und MOONEY über das Zustandekommen des Eigenpotentials an Sulfiderzkörpern im Kapitel „Elektrische Methoden", die induzierte Polarisation im gleichen Kapitel, Bemerkungen über die optimale Meßdichte auf Grund von Wahrscheinlichkeitsrechnungen u. a. Die instrumentellen Grundlagen sind mit äußerster Knappheit gezeichnet, es wird nur das physikalische Prinzip der verschiedenen Meßgeräte gezeigt. Man kann diese Beschränkung loben, den angesprochenen Leserkreis dürften die Einzelheiten der Konstruktionen, die sich sowieso dauernd wandeln, wenig interessieren. Dafür ist aber wieder viel Wert auf die Interpretation der Ergebnisse gelegt worden, auch hier mit beachtenswert modernen Verfahren. So findet man z. B. Tiefenberechnungen aus magnetischen und gravimetrischen Messungen sowohl nach den allgemein bekannten Methoden als auch nach der Ungleichung von SMITH und eine kritische Darstellung der modernen Auswertemethoden für elektrische Messungen. Ein besonderes Kapitel ist den Messungen vom Flugzeug aus gewidmet.

Insgesamt ist das Büchlein ein typisch schwedisches Erzeugnis. Die schwedischen Geophysiker haben Bedeutendes für den Fortschritt der Bergbaugeophysik, besonders für die Erzerkundung, geleistet. Angesichts der Tatsache, daß fast 90% der Aufwendungen für geophysikalische Erkundung von der Erdölindustrie herkommen, sind die meisten modernen Kompendien von diesem Thema beherrscht, entsprechend steht die Seismik weit im Vordergrund. Ihr aber teilt PARASNIS nur 23 Seiten zu, den elektrischen Methoden aber 52, wobei die für die Erdölgewinnung wichtige tellurische Methode sich mit knappen zwei Seiten begnügen muß, die Radioaktivitätsmethoden dagegen 8 Seiten zur Verfügung haben. Das soll durchaus nicht als Nachteil gerügt werden, denn gerade für die elektrischen Methoden fehlt es an einer modernen kritischen Überschau.

Natürlich sind wegen des beschränkten Raums einige Methoden gerade noch mit einer Erwähnung weggekommen, z. B. die Drehwaage und fast alle Bohrlochmeßverfahren, die modernen Interpretationsverfahren für die Reflexionsseismik fehlen ganz. Das vielleicht möchte man bedauern, denn nach wie vor bleibt sie die wichtigste und verbreiteteste Methode. Und während bei den anderen Verfahren einige charakteristische Meßergebnisse angefügt sind, fehlen diese hier ganz. Nur 10 Seiten mehr für die Seismik und einige für Tellurik würden den Wert des Büchleins aber beträchtlich erhöhen.

Nach einer alten Erfahrung ist es leichter, ein dickes Buch zu schreiben, als ein dünnes. Beschränkter Raum erfordert äußerste Konzentration und kritische Auswahl der Fakten, Disziplin in der Sprache und strikte Verbannung allen Füllmaterials. Diese Tugenden hat der Autor gezeigt. Deshalb ist sein Buch so brauchbar und lesenswert. Hohe mathematische Kenntnisse werden nicht vorausgesetzt, und die physikalischen Grundlagen für das Verständnis der Darstellung werden normalerweise in den Einführungsvorlesungen der Universitäten und technischen Hochschulen gelegt.

Es kann somit vorteilhaft von Geologen und Bergleuten benutzt werden, besonders dem Erzbergmann wird es nützlich sein. Ein Werk dieser Art, vermehrt um etwas Seismik und geologische Anwendungen, würde auch in deutscher Sprache einen großen Abnehmerkreis finden.

R. MEINHOLD

Autorenkollektiv

Die Anwendung bohrlochgeophysikalischer Methoden bei der Untersuchung gasführender Speichergesteine

„Gostoptechisdat", Moskau 1962

25 in sich abgeschlossene Aufsätze namhafter sowjetischer Autoren wurden unter der Redaktion von Prof. W. N. DACHNOW und A. I. CHOLIN zu dem vorliegenden Werk zusammengestellt, das einen ausgezeichneten Überblick über neue wie auch bewährte Verfahren gibt, mit denen gasführende Horizonte in Bohrlöchern erkannt und quantitativ untersucht bzw. Gasspeicher kontrolliert werden können. Wenn auch die dargestellten Methoden nicht ohne weiteres auf die oftmals (infolge ausgesalzener Bohrspülungen, geringer Schichtmächtigkeiten usw.) komplizierteren deutschen Verhältnisse übertragbar sind, so findet der deutsche Leser doch eine Vielzahl wertvoller Anregungen. Im folgenden wird kurz auf die wesentlichsten Aufsätze eingegangen.

Der erste Teil des Buches ist der Methodik und Technik bohrlochgeophysikalischer Untersuchungen gasführender Speicher im allgemeinen gewidmet. W. N. DACHNOW erläutert die gegenwärtigen Möglichkeiten der Bohrlochmessung zum Gasnachweis und einige Wege der weiteren Entwicklung. Neu ist der Vorschlag, das Infiltrationsverhalten — erschlossen aus zu verschiedenen Zeitpunkten ausgeführten Widerstandsmessungen — zum Gasnachweis auszunutzen. Charakteristisch ist hier das mit Widerstandsabnahme des Gesteins verbundene leichtere Eindringen der Spülung in gasführende als in wassergesättigte Gesteine, die überdies auf die Infiltration eher durch Widerstandszunahme reagieren. Andererseits können gasführende Speicher durch die einige Zeit nach der Bohrlochverrohrung eintretende Zunahme der Neutron—Gamma-Meßwerte nachgewiesen werden, weil das Gas den ursprünglich vom Spülungsfiltrat durchtränkten, bohrlochnächsten Raum wieder einnimmt, in dem vor der Verrohrung niedrige Neutron—Gamma-Werte registriert wurden. Die Zweckmäßigkeit der Verwendung extrem „langer" Normalsonden zur Widerstandsmessung in tief infiltrierten (z. B. klüftigen karbonatischen) Gasspeichergesteinen wird hervorgehoben und von A. N. AFRIKJAN in einem eigenen Aufsatz ausführlich begründet. W. W. LARIONOW legt eine umfangreiche Untersuchung des Einflusses des Bohrlochdurchmessers, der Spülungsbeschaffenheit und der Filterkuchenstärke auf die Meßwerte des Gamma- und Neutron—Gamma-Verfahrens vor. Im Ergebnis wird ein kompletter Satz von Korrekturdiagrammen für beide Verfahren gegeben, die die Reduktion der mit Sonden der Typen NGGK und RARK erhaltenen Meßwerte auf Einheitsbedingungen durch einfache Anbringung von Multiplikationsfaktoren ermöglicht. J. W. GALUSO und M. S. POKLONOW behandeln die Technik der Bohrlochmessung, in unter Druck stehenden Bohrlöchern, die z. B. bei der Bearbeitung von Untergrundgasspeichern oft gefordert wird. Dabei werden Meßsonden kleinen Durchmessers an Stahlpanzerkabeln verwendet, während das Bohrlochmundloch bzw. die Tubings durch einen Lubrikator, der den Durchgang des Kabels erlaubt, abgeschlossen sind. — Weitere Aufsätze dieses ersten Abschnitts sind theoretischen und praktischen Fragen der Neutron—Gamma-Messung und dem Einfluß des Tongehalts auf den spezifischen Widerstand sandiger Speichergesteine gewidmet.

Im zweiten Teil werden Ergebnisse von Bohrlochmessungen aus verschiedenen sowjetischen Erdgasfeldern diskutiert. Der grundsätzliche Vorteil, der hier gegenüber den Verhältnissen in der DDR auffällt, ist das Vorhandensein relativ hochohmiger Spülungen, so daß keine nennenswerten Schwierigkeiten bei der Anwendung von Widerstandsmeßverfahren bestehen. Darüber hinaus werden Neutronenverfahren in großem Umfang, vor allem in verrohrten Bohrlöchern, zur laufenden Kontrolle des Gas-Öl- bzw. Gas-Wasser-Kontaktes eingesetzt, wie z. B. im Aufsatz von A. S. PESTRIKOW für Lagerstätten im Wolgograder Gebiet beschrieben wird. Das besondere Interesse des deutschen Lesers verdient ein Aufsatz von A. N. AFRIKJAN und N. W. FARMANOWA über die bohrlochgeophysikalische Untersuchung der Lagerstätte Korobkowa, da es sich hier um klüftige bis kavernöse, zum Teil auch oolithisch-poröse Kalksteine handelt, die Parallelen zu unserem Zechstein-Hauptkarbonat erkennen lassen. Die Porosität produktiver Zonen wird mittels kurzer Normal- und Limestonesonden sowie durch Neutron—Gamma-Messungen bestimmt. Wegen der tiefen Spülungsinfiltration ist die Einschätzung der Kohlenwasserstoffsättigung mit den üblichen Widerstandssondierungen erschwert, so daß auch hier neuerdings die schon oben erwähnten extrem langen Sonden erprobt werden. Ein interessantes Beispiel für den Nachweis gasführender Abschnitte im Karbonatgestein mittels Neutron—Gamma-Messung vor und nach der Verrohrung zeigen G. P. SCHTSCHERBININ, G. P. FEDOROWITSCH und andere bei der Diskussion der Erkundung vorkarpatischer Erdgasfelder. Die Meßwerte im gasführenden Teil sind nach der Verrohrung bedeutend erhöht, während sie im unverrohrten Bohrloch wegen der Spülungsinfiltration niedrig lagen. Fragen der technischen Kontrolle produzierender Erdgasbohrungen behandeln dieselben Autoren in einem weiteren Aufsatz. T. F. ROMANOWA gibt Hinweise für die quantitative Bestimmung der Tongehalte von Speichergesteinen mittels der Gamma-Messung.

Der dritte Teil enthält Aufsätze über den Einsatz von Bohrlochmessungen beim Aufbau und Betrieb untertägiger Gasspeicher. Die damit zusammenhängenden Arbeiten und Aufgaben werden zunächst von A. I. CHOLIN allgemein umrissen. Danach werden in drei Aufsätzen von demselben Autor, von J. W. GALUSO sowie von M. M. ELLANSKIJ u. a. Überblicke über die tatsächlichen Ergebnisse beim Aufbau dreier verschiedener Gasspeicher gegeben. Neben der Untersuchung der physikalischen Eigenschaften der zur Gasaufnahme vorgesehenen Speichergesteine spielt dabei die Verfolgung der Verteilung versuchsweise eingepreßter Luft mittels wiederholter Neutron—Gamma-Messungen die bedeutendste Rolle. Die zahlreichen hierfür gezeigten Beispiele beweisen überzeugend den Wert dieses einfachen Verfahrens. Die Verteilung eingepreßter Luft wird von W. A. JEWDOKIMOWA und M. M. ELLANSKIJ theoretisch untersucht, gleichzeitig werden wieder Bohrlochmessungen zur Kontrolle empfohlen. L. S. POSIN behandelt im letzten Aufsatz die Anwendung von Bohrloch-Temperaturmessungen, besonders mittels Temperatur-Gradientsonden, zur Untersuchung von Bohrlöchern auf Gaslagerstätten und Untergrund-Gasspeichern.

K. LEHNERT

MOENKE, H.

Spektralanalyse von Mineralien und Gesteinen

Akad. Verl.-Ges. Geest & Portig KG, Leipzig 1962; 222 S., 58 Abb., 21 Tab., 659 Literaturangaben

Das vorliegende Buch ist eine praktische Anleitung zur Ausführung der Spektralanalyse von Mineralien und Gesteinen. Es soll dem Analytiker Anregungen und handwerkliche Hinweise für die Untersuchung geologischer Proben geben. Außerdem wird in dieser Abhandlung der Versuch unternommen, die chemische Emissions- und die Ultrarot-Absorptionsspektralanalyse sinnvoll zu kombinieren.

Das Buch ist in drei Teile gegliedert. Im ersten Teil werden die allgemeinen Prinzipien der Emissionsspektralanalyse und die spektrochemische Analyse einzelner Elemente behandelt. Nach einer kurzen Darlegung der theoretischen Grundlagen des Verfahrens wird auf die Probenahme, die Probenvorbereitung, die spektrale Anregung, die Spektralgeräte und die qualitative Analyse eingegangen. Einige Kapitel behandeln u. a. das Kathodenglimmschicht-Verfahren, die Erscheinung der fraktionierten Destillation, die Doppelbogen- und Sprühbogenmethode. Ein Abschnitt ist der halbquantitativen und quantitativen Spektralanalyse mit dem Gleichstrombogen gewidmet. Es werden Arbeitsvorschriften zur Silikatvollanalyse (nach AHRENS 1954), für die Bestimmung der Alkalimetalle und für die Erzanalyse (nach HEGEMAN, LEYBOLD) angeführt.

In einem speziellen Kapitel werden Ausführungen zur Spurenelementanalyse von ca. 50 Elementen gemacht. Der Autor geht auf eigene und zahlreiche andere Arbeiten ein, leider in den meisten Fällen nur sehr kurz. Bei einer eventuellen zweiten Auflage wäre eine Erweiterung dieses Kapitels wünschenswert. Bemerkungen über verschiedene Verfahren zur chemischen Spurenanreicherung schließen diesen Teil ab.

Im zweiten Teil werden die allgemeinen Grundlagen der Ultrarot-Absorptionsspektralanalyse und die Absorptionsspektren besprochen. Einige Kapitel sind der Präparationstechnik, dem Ultrarot-Spektralphotometer und den Zusatzgeräten gewidmet. Zahlreiche Teil- und Übersichtsdiagramme dienen zur Erörterung der Absorptionsspektren der einzelnen Mineralfamilien. Es wird auf die Möglichkeit der quantitativen Bestimmung einiger Mineralien in Gesteinen und Verwitterungsprodukten eingegangen und über Nachweisgrenzen und Genauigkeit des Verfahrens berichtet.

Im dritten Teil wird der kombinierte Einsatz der Emissionsverfahren und der Absorptionsspektralanalyse behandelt. Der Autor unterbreitet Vorschläge für die Untersuchung anorganischer und organischer geologischer Proben (Kalisalz-, Erzmineral-, Sediment-, Eruptivgesteins-, Erdölproben u. a.) und führt in Tabellen die jeweils typischen Frequenzen bzw. Banden für die ultrarotspektroskopische sowie die geeigneten Spektrallinien und Spektrographen für die emissionsspektralanalytische Bestimmung an.

Sehr wertvoll sind auch die umfangreichen Literaturangaben über die spektrochemische und die ultrarotspektroskopische Analyse. Neben neueren Veröffentlichungen wurden auch ältere, methodisch wertvolle Arbeiten berücksichtigt.

Abschließend kann gesagt werden, daß es der Autor verstanden hat, die Problematik klar und einfach darzulegen. Das Buch ist besonders für Studenten als Einführung in das Arbeitsgebiet der Emissions- und Absorptionsspektralanalyse von Mineralien und Gesteinen geeignet und kann auch den Mineralogen, Geologen, Geophysikern und Agrikulturchemikern empfohlen werden. H. FUCHS

Neuerscheinungen und Literaturhinweise

BINGGELI, V.

Zur Morphologie und Hydrogeologie der Valle del Lucomagno

Kümmerly & Frey, Bern 1961. — 124 S.

USPENSKIJ, V. A. u. a.

Die Hauptwege der Bitumenbildung in der Natur und Fragen ihrer Klassifikation

Gostoptechisdat, Leningrad 1961. — 314 S.

Autorenkollektiv

Die Erkundung unterirdischer Gasspeicher in der UdSSR

Gostoptechisdat, Moskau 1962. — 174 S.

STAROSTINA, Z.

Die sideritführende Riphäus-Formation an der Westflanke des Südurals

Verl. AN SSSR, Moskau 1962. — 104 S.

Autorenkollektiv

Fragen der Kohlengeologie — Festschrift A. A. GAPEEW

Verl. AN Kasach. SSR, Alma-Ata 1962. — 173 S.

Autorenkollektiv

Zur Untersuchung der Strukturen von Erzfeldern und -lagerstätten

Verl. AN SSSR, Moskau 1961. — 197 S.

Nachrichten und Informationen

Am 28. Juni 1963 beging Prof. Dr. ERICH LANGE sein goldenes Doktorjubiläum. 50 Jahre seines Lebens, das der wissenschaftlichen Arbeit in der Geologie und ihrer praktischen Anwendung zur Entdeckung und Nutzung von Bodenschätzen gewidmet war, sind seit der Erwerbung des Doktorgrads verstrichen. Bei dem Sozialisten ERICH LANGE bedeutete sie den unermüdlichen Einsatz für das Erarbeiten der wissenschaftlichen und ökonomischen Grundlagen zur Verbesserung der Lebensbedingungen der Werktätigen. Sie waren ein unablässiger Kampf für die Überwindung der alten Gesellschaftsordnung und für den Aufbau des Sozialismus.

Als gebürtiger Berliner studierte ERICH LANGE an der damaligen Bergakademie in Berlin und promovierte an der Berliner Universität. Seine Dissertation über die marine Fauna der Tendaguru-Schichten bezeugt, daß dabei die Paläontologie im Vordergrund stand. Den vierundzwanzigjährigen trieb sehr bald sein Forscherdrang ins Ferne und Unbekannte. Zentralafrika mit seinen geologisch unerforschten Gebieten und seinen von der Kolonisation ausgebeuteten Menschen zog ihn an. Die Reise nach Kamerun wurde ihm durch das Paläontologische Institut der Universität ermöglicht. Mit geringen Mitteln und bescheidener Ausrüstung durchquerte er, ganz auf sich selbst gestellt, die Urwälder und Steppen bis zum Tschad-See, sammelte Lesesteine, erkundete stratigraphische Abgrenzungen und unternahm erste geologische Kartierungen. Das Heimbringen des Materials allerdings dauerte lange und gelang nur unter großen Schwierigkeiten, denn der junge Afrika-Geologe wurde vom ersten Weltkrieg überrascht. Er kam in englische Gefangenschaft und verbrachte die letzten Kriegsjahre als Internierter in der Schweiz, wo sich ihm die Geologie der Alpen erschloß. Aus der Folgezeit hebt sich seine Tätigkeit als Sachverständiger für mineralische Rohstoffe bei der Handelsvertretung der UdSSR in Deutschland hervor, die er nach einjährigem Aufenthalt in Moskau 1922 begann.

Prof. ERICH LANGE, dem in den Jahren der Naziherrschaft die wissenschaftliche Arbeit fast völlig unmöglich gemacht worden war, hat schwere Zeiten durchgemacht. Es war ihm aber auch vergönnt, in den 50 Jahren seit seiner Promotion die großartigen Fortschritte in den geologischen Wissenschaften, insbesondere der Erkundung der Erdöllagerstätten mitzuerleben. Als Professor für Brennstoffgeologie lehrte er nach dem Kriege an der Bergakademie in Freiberg.

Ein wesentlicher Teil der Lebensleistung ERICH LANGES bestand in dem Wiederaufbau und in der Neugestaltung der geologischen Erkundungsarbeit in Deutschland nach der Vernichtung der Naziherrschaft. Als Präsident der Geologischen Landesanstalt konnte er aus den nicht nur baulichen Trümmern unschätzbare Werte retten, sie mehrfach vor kapitalistischem Zugriff bewahren und dem Neuaufbau in sozialistischem Geiste zuleiten. Sein besonderes Interesse galt sodann den für die wissenschaftliche Arbeit so notwendigen Zeitschriften. Unter seiner Chefredaktion wurde die „Zeitschrift für angewandte Geologie" zu einem führenden Fachorgan. Seine Lebensarbeit fand mit der Verleihung des Vaterländischen Verdienstordens in Silber die ihr gebührende staatliche Anerkennung.

Die Redaktion der „Angewandten" gedenkt voll Dankbarkeit der langjährigen fruchtbaren Zusammenarbeit mit dem noch immer rüstigen Jubilar. Sie fühlt sich mit dem jederzeit hilfsbereiten Menschen und erfahrenen Genossen herzlich verbunden und wünscht ihm für künftige Jahre die volle Erhaltung seiner Schaffenskraft.

Erdöl/Erdgas

Das erdgashöffige Mesozoikum des westlichen Alpenvorlandes

Die Bohrung Kirchdorf 1 bei Biberach (Konzessionsgebiet der Elwerath und der Wintershall) ist von besonderem Interesse, da sich hier das Mesozoikum im westlichen Alpenvorland von neuem als erdgashöffig erwies. Erstmalig war dies 1961 durch eine Bohrung bei Mönchsrot westlich von Memmingen erkannt worden. Die Bohrung Mönchsrot, die im September 1962 in 2059 m Teufe eingestellt wurde, erwies sich schon während des Abteufens im Dogger beta als gasführend. Die nachfolgenden Produktionsversuche ergaben, wie die Zeitschrift „Erdöl", Wien, Dez. 1962, mitteilt, im Dogger-beta-Sandstein zwischen 1736 und 1758 m Teufe einen Zufluß von etwa 100000 Nm³ täglich durch eine 8-mm-Düse. Das Gas enthält 93% Methan und 4% höhere Homologen. Das wirtschaftliche Ausmaß ist noch nicht festgestellt. —Ha—

Indiens Erdölproduktionsziele

Eine Gruppe von Erdölexperten des Nationalen Produktionsrats von Indien, welche die UdSSR, die ČSSR und Rumänien bereiste und in 10 Wochen mehr als 60 Produktionsstätten in diesen Ländern besuchte, kam zu dem Ergebnis, daß die Erdölerkundung in Indien mit allen Mitteln forciert werden müsse, um die Selbstversorgung des Landes zu erreichen. Nur erst ein schmaler Streifen der 400000 Quadratmeilen großen sedimentären Becken sei bis jetzt auf Erdöl untersucht worden. Die bis 1966 geplanten Raffinerien müßten auf eine um 2 Mill. t höhere Kapazität, als vorgesehen, gebracht werden, um den Bedarf von 17 Mill. t Produkten jährlich zu decken. Von der indischen Öl- und Erdgas-Gesellschaft (ONGC) wurden, wie die „Petroleum Times" vom 28. 12. 1962 berichtet, folgende Ziele aufgestellt: Erkundung von 129 Mill. t Erdölvorräten, Fertigstellung von 332 Produktionsbohrungen in Gujarat, Assam, dem Punjab und dem Gangestal, Erreichung einer Jahresproduktion von 3 bis 3,5 Mill. t, Aufstellung von 60 neuen Bohrmannschaften und -ausrüstungen, Aufbau einer vollausgerüsteten Reparaturwerkstatt in Baroda und von zehn Feldwerkstätten in verschiedenen Teilen des Landes. Bis 1962 wuchs die Bohrleistung der ONGC in vier Jahren bereits von jährlich 2000 auf 75000 Bohrmeter. In Ankleshwar wird jetzt durchschnittlich jeden Monat eine Bohrung fertiggestellt. Von der staatseigenen „Heavy Engineering Corporation", einem Unternehmen mit Sowjethilfe, erwartet man, daß sie ab 1964 Bohrausrüstungen herstellen wird. Außerdem plant die ONGC in Baroda ein zentrales Werk, das ab 1965 monatlich eine Bohrausrüstung herstellen soll. Die von der „Oil India Ltd." nachgewiesenen Erdöl- und Erdgasvorräte betrugen Mitte 1962 30 Mill. t Erdöl und ca. 13 Mrd. Nm³ Erdgas. Hinzu kommen geschätzte Reserven von ca. 9 Mill. t Erdöl und ca. 7 Mrd. Nm³ Erdgas. —Ha—

Aufschlußbohrungen auf Sardinien

Nachdem geologische und geophysikalische Vorarbeiten im Campidano einschließlich des Beckens von Oristano die Höffigkeit auf Öl oder Gas ergeben haben, sind für 1963 — einer Meldung der Zeitschrift „Erdöl und Kohle" zufolge — Aufschlußbohrungen auf Sardinien geplant.

Die Ergebnisse der von August 1957 bis März 1958 durchgeführten geologischen Sucharbeiten wurden im Laufe der folgenden 12 Monate ausgewertet. November/Dezember 1960 folgten geophysikalische Arbeiten in den Konzessionen Oristano und Campidano mit dem Schwerpunkt im Raume Arbotea. In dieser Zone erwiesen sich die Sedimentmächtigkeiten am größten. Eine 1961 bis 1802 m abgeteufte Kartierungsbohrung traf überwiegend sandige Mergel und bröckelige Tone bis zum Aquitan an. Spuren von Kohlenwasserstoffen wurden nicht gefunden. Elektrische Bohrlochmessungen und sonstige geophysikalische Untersuchungen ermutigten jedoch zur Aufnahme neuer detaillierter geophysikalischer Arbeiten, die im Oktober 1961 in den Konzessionen Oristano und Campidano sowie im Küstenvorland im Golf von Oristano begannen. Die Ergebnisse von geologischen Erkundungsarbeiten in den Gebieten Nurra, Nuorese und Iglesiente sollen jedoch entmutigend gewesen sein. —s—

Ergebnisse der Erdöl/Erdgas-Bohrung Kreuzlingen (Ostschweiz)

Die Aufschlußbohrung Kreuzlingen TG, die am 11. Juli 1962 begonnen worden war, hat nach Mitteilung der Seag AG für schweizerisches Erdöl am 14. Oktober 1962 bei 2550 m ihre Endteufe erreicht. Ende Oktober wurden insgesamt fünf Produktionsteste durchgeführt, da verschiedene Erdöl und Erdgas führende Horizonte vorhanden waren. Neben Erdöl und Erdgas flossen aber größere Mengen Salzwasser zu, so daß eine wirtschaftliche Nutzung nicht in Frage kommt. Die Ergebnisse der Bohrung lassen lt. Seag die Ostschweiz in vermehrtem Maße als öl- und gashöffig erscheinen, um so mehr, als kürzlich, nur rd. 30 km von der Schweizer Grenze entfernt, die westdeutsche Bohrung Pfullendorf 2 fündig wurde. Die bisherigen Fundstellen von Erdöl und Erdgas im westdeutschen Bodenseegebiet entwickeln sich immer mehr zu einem neuen Produktionszentrum. Die Tatsache, daß bereits die zweite Tiefbohrung der Seag so ermutigende Ergebnisse gezeigt hat, wird als ein Ansporn für die Weiterführung der schweizerischen Erdölsuche angesehen. —s—

Sonstiges

Produktionszunahme im österreichischen Bergbau

Die österreichische Eisenerzförderung nahm im ersten Halbjahr 1962 gegenüber der gleichen Vorjahrszeit um 1% auf 1,83 Mill. t zu. Die Kupfererzförderung stieg um fast 15% auf 73000 t, die Antimonerzförderung um 18% auf 8700 t, die Wolframerzförderung sogar um 60% auf 6900 t. Die Graphiterzeugung hatte infolge der Verwendung von Graphit als Zuschlagstoff für Hochöfen eine Steigerung um 12% auf 46670 t, die Quarziterzeugung stieg um 3% auf 41300 t. Dagegen sank die Blei-Zinkerz-Gewinnung um 5% auf 112500 t und die von Bauxit um 20% auf 6540 t. Auch bei Rohmagnesit, Kaolin und Bentonit waren kleine Rückgänge zu verzeichnen. Ha.

Die Goldseifen von Poto, Departamento Puno, Südperu

Seit Mitte November arbeitet ein aus Kalifornien herbeigeschaffter Bagger in dem „Pampa Blanca" genannten Teil der Goldfelder von Poto im Süden Perus. Das Unternehmen ist in verschiedener Hinsicht bemerkenswert; in erster Linie darum, weil es sich um den höchsten Gold-Baggerbetrieb der Erde handelt: Die Goldseifen von Poto befinden sich in 4700 m Höhe.

Sie bedecken eine wahrhaft riesige Fläche. Ohne die auf bolivianischem Gebiet bestehende Fortsetzung in Betracht zu ziehen, handelt es sich um 600 qkm glazialer Ablagerungen am Fuße der Schneeberge Ananea und Palomani. Die Ablagerungen haben eine Mächtigkeit bis zu 30 m. Der mittlere Goldgehalt der oberen Schichten wurde bereits vor 35 Jahren mit US$ —.40 pro cbm angegeben; tiefere Proben ergaben sogar US$ —.80 und selbst US$ 2.10 auf 1 m³.

Von den in der Nähe befindlichen Goldadern im Berge Ananea steht fest, daß schon die ersten spanischen Eroberer mit ihrer Ausbeutung begannen. Zahlreiche Ruinen in den Goldfeldern von Poto lassen vermuten, daß auch deren Bearbeitung immer wieder versucht wurde, doch ist solch ein Unternehmen erfolgreich nur mit modernsten Maschinen und dem entsprechenden Kapital durchzuführen. Beschaffung und Transport der benötigten Maschinen haben bisher US$ 1,5 Millionen verschlungen.

Der Bagger, in Einzelteile zerlegt, mußte von der „nächsten" Eisenbahnstation 240 km weit mit Lastwagen transportiert werden. Es handelt sich um einen Schwimmbagger mit 65 Löffeln, jeder mit einem Fassungsvermögen von ungefähr 2 m³, Maschinenteile im Gewicht von etwa 1,200 Tonnen.

Dieser Bagger, Überbleibsel eines der erfolgreichen Gold-Baggerbetriebe in Kalifornien, kann bis 8 m unter die Wasseroberfläche greifen und dürfte pro Jahr 2000000 m³ verarbeiten.

Die erwähnten tieferen Proben erbrachten den Beweis, daß es sich bei dem „Liegenden" unter den fest verbackenen, weißlich-tonigen Seifen um Schiefer handelt. Z. F R.

Die zunehmende Aluminiumproduktion der westlichen Welt

Über die anhaltende Expansion der Produktion und des Verbrauchs von Aluminium in den kapitalistischen Ländern teilt die „Frankfurter Allg. Zeitung" in ihrem „Blick durch die Wirtschaft" vom 11. 1. 1963 u. a. folgendes mit:

In den USA übertraf 1962 die Produktion mit 1,95 Mill. Tonnen die Rekordjahre 1959 und 1960 um 6%. Die bisherige Hüttenkapazität von 2,27 Mill. t wird durch neuhinzukommende Werke eine Steigerung erfahren. In Frankreich wurde 1962 die Hüttenkapazität um 11000 t auf 355000 t erhöht. Die Produktion stieg um 6% auf 341000 t. Der Inlandsverbrauch ist gegen 1961 um 12% gestiegen, die Ausfuhr aber zurückgegangen.

In Westdeutschland stieg die Produktion um 3%. Die Kapazität erreichte mit der Ende 1962 angelaufenen neuen Hütte der Vereinigten Aluminium-Werke AG 210000 t. Die Aufträge erhöhten sich in acht Monaten um 14%. Der Rohmetallverbrauch betrug 1962 etwa 427000 t.

In Italien hofft man 1963 durch Ausbau der Anlagen eine Kapazität von 125000 t zu erreichen. Die Produktion hat gegen 1961 um 20000 t zugenommen.

In Japan hat sich das Anwachsen der Produktion zwar etwas verlangsamt, die Kapazität aber stieg durch Ausbau der Werke auf 190000 t.

In Kanada waren die Hütten nur zu 75% ihrer Kapazität ausgelastet.

In Norwegen stieg die Produktion um 27% auf 219000 t. Die Kapazität hofft man bis 1965 auf 260000 t und bis 1970 auf 600000 t zu bringen.

Österreich zeigt mit einem Produktionsanstieg um 11% auf 74500 t und einer um 38% gestiegenen Ausfuhr eine günstige Entwicklung. Schweden hat nur eine Kapazität von 16000 t, die es aber bis Ende 1963 zu verdoppeln gedenkt. Die Schweiz weist einen Produktionsanstieg um 18% auf etwa 50000 t auf.

In Südamerika stieg bei einem Aufschwung der Aluminiumindustrie der Verbrauch von 1955 bis 1961 um rund 100%, nämlich von 45000 t auf 95000 t. —Ha—

Kurznachrichten

In der **Sowjetunion** wurden 1962 rd. 186 Mill. t **Erdöl** und 75 Mrd. m³ Erdgas produziert, bei einer Steigerung gegenüber dem Vorjahr um 20 Mill. t (= 12%) Erdöl und 14 Mrd. m³ (= 25%) Erdgas. Die Planziele wurden um 1 Mill. t bzw. 5 Mrd. m³ übertroffen.

Sowjetische Geologen werden Mitte 1963 auf **Spitzbergen** mit Erkundungsarbeiten auf **Erdöl** beginnen. Das Einsetzen der Bohrarbeiten wird, ebenso wie bei einem amerkanischen Projekt, für 1964 erwartet.

In dem 1960 entdeckten, seit 1962 produzierenden **Erdölfeld** Provincia in **Columbien**, das an eine parallel zum Magdalenenstrom laufende Pipeline angeschlossen wurde, sind bereits 12 Förderbohrungen fertiggestellt.

Aus dem 1956 entdeckten **Erdölfeld Schwedeneck** nördlich von Kiel, das dem ostholsteinischen Juratrog angehört und aus einer Dogger-β-Hauptsandsteinschicht mit 30 Vol.-% Porosität besteht, wurden 1962 mittels Tiefpumpen 175000 t Öl gefördert.

Auf **Tarchankutsk**, dem Westausläufer der Krine, wurde bei Dshanskoj in 1100 m Teufe ein **Erdgasvorkommen** erbohrt, dessen Vorräte auf 7 Mrd. m³ geschätzt wurden.

Ein **Erdgasfund** bei **Harri Farida** südöstlich von Tignentourine (Sahara) erbrachte aus devonischen Horizonten in 1367 und 1536 m je rd. 250000—330000 m³/Tag Erdgas sowie aus 1200 m Teufe 4300 l/h Erdöl.

In **Arzew** (Algerien) wurde mit dem Bau einer **Erdgasverflüssigungsanlage** begonnen, die der Nutzbarmachung der großen Erdgasvorkommen von Harri R'Mel dienen soll. Ab 1964 soll das Werk jährlich etwa eine Milliarde m³ Erdgas verflüssigen, und zwar hauptsächlich für Lieferungen nach Großbritannien.

Bei Que Que in **Südrhodesien** wurde eine Anlage zur Produktion von **Ferrochrom** in Betrieb genommen, die zunächst 31 t täglich und später 18000 bis 20000 t jährlich produzieren soll.

In Lavera bei Marseille soll ein Werk für die **Gewinnung von Protein-Vitamin-Konzentraten** aus Erdöldestillaten errichtet werden. Bei dem angewandten Verfahren geschieht die Umwandlung von Erdölparaffin in ein an Wachstumsvitaminen reiches Nahrungsprotein durch die im Erdöl vorhandenen Mikroorganismen.

Die Förderung aus dem **Manganerzvorkommen** von **Gabun** (Äquatorialafrika), dessen Vorräte auf 100 Mill. t geschätzt werden, hat erst vor wenigen Monaten begonnen und wird 1963 voraussichtlich 500000 t erreichen.

Die **Kupfererzeugung Indiens** betrug 1961 nur 8300 t gegenüber einem Jahresbedarf von 85000 t. Bis 1966 wird die Kupfererzeugung voraussichtlich auf 32000 t, die von Blei auf 8000 t und von Zink auf 18000 t ansteigen gegenüber einem Bedarf von 170000 t Kupfer, 65000 t Blei und 187000 t Zink.

Da die Carlsbad-Kalilager in New-Mexiko bald erschöpft sein werden, ist das **Kalivorkommen**, das sich in einem 500 km langen Gürtel in 1000 m Tiefe von Saskatoon bis Manitoba in der kanadischen Provinz **Saskatchewan** hinzieht, für die USA von zunehmender Bedeutung.

Die **Kohlenexporte** der **USA** nach den Ländern der EWG im vierten Quartal 1962 werden auf 4130000 t geschätzt, gegenüber 2883000 t im gleichen Quartal 1961. Die Gesamtexporte der USA nach diesen Ländern würden dadurch die Höhe von 14,5 Mill. t erreichen.

In der FVR **Jugoslawien** sollen die Braunkohlenwerke Kakanj, Breza und Zenica zu einem Unternehmen vereinigt und durch beschleunigte Modernisierung auf eine Jahreskapazität von 2,3 Mill. t **Braunkohle** gebracht werden.

Im Rahmen eines zwischen der **ČSSR** und **Kuba** geschlossenen Abkommens werden in dem **Eisenwerk** „Klement Gottwald" in Witkowitz die Pläne für den Bau einer Aufbereitungsanlage für Nickelerze in Kuba ausgearbeitet.

Herausgeber: Staatliche Geologische Kommission und Zentrale Vorratskommission für mineralische Rohstoffe der Deutschen Demokratischen Republik. Für die kollektive Chefredaktion: Dr. K. KAUTER (Redaktionssekretär), Berlin. Redaktion: Berlin N 4, Invalidenstraße 44. Verlag: Akademie-Verlag GmbH, Berlin W 8, Leipziger Straße 3–4 (Fernsprecher 220441, Telex 011773, Postscheckkonto: Berlin 35021). Bestellnummer des Heftes 1047/9/7. Die „Zeitschrift für angewandte Geologie" erscheint monatlich. Bezugspreis 2,– DM je Heft. – Satz und Druck: Druckhaus „Maxim Gorki", Altenburg. Veröffentlicht unter der Lizenznummer 1279 des Presseamtes beim Vorsitzenden des Ministerrates der Deutschen Demokratischen Republik. Karten: MdI der DDR, Nr. 357, 617, 8374